獲利思考

ゲーム・チェンジャーの競争戦略

從破壞到創造，
顛覆競爭規則的四種獲利模式

內田和成 編著　楊鈺儀 譯

前言

如今，所謂的「業界」這種東西正在逐漸消失中，又或者說，到處都出現了與其他業界融合的事態。

各位可以斷言說，自己的事業能在維持原狀下，安穩無事到未來嗎？

我在前作《異業競爭戰略》（異業種競争戦略）中已提出警告，表明在成熟市場中會漸增以下局面，亦即會與在銷售通路、成本結構、擅長技術、營業狀況以及品牌形象上都完全不同的對手相互競爭。在跨越業界藩籬爭奪顧客——「異業競爭」的戰爭中，我們不知道會從哪裡冒出個新的對手來。

此外，我們也無法用目前的競爭戰略來說明異業競爭。因為以往的競爭戰略是以「同一業界內的競爭」為前提，說明在這之中與新起之秀或客戶間的角力關係。

而現在，異業競爭正日趨白熱化。本書中，將以在這樣的戰場中破獲競爭規則的企業

（競爭者）戰鬥方式為關注的焦點。我們將此類破壞業界規則的競爭者稱之為「遊戲挑戰者」。而他們正是本書的主角。

因雲端服務而起的價格破壞

例如說，在二〇一五年一月，亞馬遜是全球最大的伺服器出租業者。該公司所提供的「Amazon Web Services（AWS）」在雲端服務中也是全世界中最大的占比。在後頭緊追不捨的則是Google，最近，微軟也致力於發展相同的服務。

過往，伺服器出租業中是以IBM以及惠普（HP）等硬體製造商為主角。那麼，為什麼在短時間內就代換掉了主要競爭者呢？原因就是亞馬遜與Google開始提供了一項服務，亦即將在全世界發展的自家數據中心以及置於其中的伺服器出借給使用者。

亞馬遜以及Google在自家公司已經有了巨大的設備，而他們就將那其中的一小部分租借給了中小企業。因此，他們並不是從「0」開始投資。反過來說，他們藉由租借出這些設備，在投資設備上，還能享受到莫大的好處。此外，因為出借設備給外部還能平衡需求，在運用上就能更有效率。亞馬遜活用了這個優點，開始提供極為低價的雲端服務。他們抓住了中小企業等的需求，市占率因而急速上升。

因為是有效活用了多出來的設備，價格當然便宜。一步步掌握實績的結果就是贏得了大廠使用者的信賴，連NTT DCOMO以及軟銀（譯註：NTT DOCOMO、軟銀皆為日本知名電信業者）等也成了使用者。可是，這些作法從早就存在的競爭者硬體製造商一方看來，卻是在「破壞價格」。而且硬體製造商並不像亞馬遜那樣在自家公司中擁有龐大的數據中心，所以他們無法擁有與亞馬遜相同的戰力——無法採取低價租借的手法——為此，他們深感苦惱。

這對於至此之前都享有充分利益的企業來說，就是出現了一個來自完全不同世界的破壞價格者，讓競爭規則也跟著幡然改變。

顛覆常識的自動化倉庫

亞馬遜甚至連自家倉庫也打造出新型態，亦即採用全新型態的自動倉庫，而非「位置管理」的概念。

所謂的位置，指的是類於倉庫內保管場所的所在地。一般說來，為了能立刻取出存放於倉庫內的所需物品，就需要做好決定位置，方便按區域拾取分類好的商品等管理。

但是在亞馬遜的自動倉庫中，完全不使用類似的管理。有的時候還會把多個同樣的物品放置在不同的地方，也不會做出方便拾取類似商品的分區規劃。

相對地，亞馬遜則會以電腦或機器做到徹底的自動化。即便是在多個地方有著同樣的物品，也能自動收集好那些物品，完成出貨。這就顛覆了倉庫業界向來的常識。只要有了這樣的結構型態，不論是誰，即便是不熟練的人也能做好倉庫管理。

此外，在亞馬遜也開始以此結構型態為武器，提供在庫保管、接受訂單以及配送業務等服務。未來，將有可能如前述所提到的雲端服務那樣，出現破壞既有物流業以及倉庫業的競爭規則。

打造新型的致勝模式

誠如這裡所提到的，在異業競爭中，我們不會知道競爭對手將採取什麼樣的手法進攻。若是對手新帶入的對戰方式破壞了競爭規則，那麼此前企業的致勝模式也將會輕易地煙消雲散。

然而，若能站在打造出新型態致勝模式的一方，就能擁有得以創立新事業以及革新的視角。對於想要拓展自家公司事業領域的人來說，現在發生的戰爭正可說是一個機會。

另一方面，對於既存企業來說，藉由理解會有什麼樣的競爭對手出現在自己面前，以及會發起什麼樣的競爭，以採取適切對抗的防衛戰略則是很重要的。在本書中，我們並不只是要注意進攻的一方，同時也要留意防守方——既存競爭者——的戰鬥方式。

為了讓事業能獲得大幅進展，也為了能建構更強大、穩固的事業型態，希望大家務必能活用本書。

二〇一五年一月

內田和成

contents
目錄

第2章 削弱對手的獲利機制 破壞秩序型

contents

目錄

第 4 章 創造出新型的事業模式 創造商機型

contents

目錄

contents

目錄

第 1 章

新遊戲的開始

白熱化的異業競爭

改變了的競爭場所、對象、規則

任天堂的衰退

任天堂連續於二〇〇七年以及二〇〇八年兩年度被認定為日本第一優良企業（日經優良企業排行榜）。但其實，當時的任天堂業績也是日本第一落差最大的。紀錄顯示，任天堂在〇七年度，相對於營業額一兆六七〇〇億日圓，營業利益僅有四八七〇億日圓；在〇八年度，相對於營業額一兆八四〇〇億日圓，營業利益僅有五五五〇億日圓。

然而，任天堂雖誇耀〇八年的業績為其史上最高，但從〇八年起僅三年後的一一年，任天堂的營業額便急遽縮減成六五〇〇億日圓，在營業利益上淪落成赤字。而且很可惜的是，在那之後的連續三年，任天堂的營業利益都是赤字，成了很不光彩的一件事。

為什麼任天堂會變成這樣呢？這並非是因為任天堂開發遊戲機失敗，也不是因為打電動的人銳減。相反地，放眼望去，喜歡打電動的人不斷在增加。縱觀街頭可以發現，在搭電車或是在等電車的時候，又或是在咖啡廳、學校，甚至是視情況而定的職場中，對打電動感興趣的人都確實有增加。

但是，使用專門的電動主機來打電動的人數或使用時間都大幅減少。取而代之的是，用一般手機或智慧型手機來玩遊戲的人變多了。

任天堂錯失了這樣的先機，所以是自己丟失了大幅的營業額。話雖這麼說，任天堂也並非沒有注意到這樣的變化。儘管任天堂抓住了這樣的變化，但卻無法好好應對市場上的遊戲轉換（競爭規則的改變）。

網購買鞋？

美國有間很成功的郵購公司叫做薩波斯企業（Zappos）。薩波斯這間公司是透過網路在賣鞋。

鞋子與服飾不同，若沒有實際穿過就不會知道穿起來的感覺以及是否好看，所以在此之前多被認為是「不適合通訊販賣」。對消費者來說，實際看到現貨時很多人會覺得與之前的想像不同或是不合腳，考慮到還要退貨或換貨的手續，結果有許多人便認為，還是去實體店面試穿比較不會有問題。

那麼，為什麼薩波斯能營運得如此順利呢？

因為他們提出了該公司商品能任意退還而且是免費退貨的優惠。因此，消費者在找到喜歡的商品前，可以不限次數地在家「試穿」。而且若一次訂購多雙鞋，但是只買下其中喜歡的一雙，剩下的也可以退貨。本來是只有在實體店面才能試穿鞋子，現在在家也能這麼做，這點大受消費者歡迎而獲得成功。

此外，美國不僅國土廣大，也沒有像日本這樣組織完備的宅配，因此通常宅配的天數都要花上好幾天。但是薩波斯致力於發展物流系統，在兩～三天內就將商品送達，這也給了顧客很大的驚喜。

薩波斯這間企業打破了至此之前認為「服飾與鞋子並不適合網購」的常識，獲得了極佳的讚賞。但是要從增加的物流費以及與其他網購公司價格戰中提升收益是件難事，所以薩波斯現已被亞馬遜收購，成了亞馬遜的子公司。

在網路上販賣高級時尚

日本也有個網站在網購高級時尚上獲得了成功。那就是由START TODAY所營運的「ZOZOTOWN」。

在此前的時尚業界，即便是不知名的品牌，都很看重品牌形象，因此很重視顧客來自家店鋪一事，而且不會考慮在其他網站做販售。對消費者來說，一般則會認為「若是買些價格便宜的商品或是貼身衣物（穿在衣服底下的內衣等）還行，但要用一定的價格在網路上購買自己偏愛的時尚商品還是會讓人躊躇」。

可是，ZOZOTOWN採用了與此前網購網站完全不一樣的戰略。他們販售較為高級的商品、提高價格、網站設計也很精緻，以時尚品味較高的消費者為客群目標。在BEANS或是UNITED ARROWS等select shop中雖陳列有許多知名品牌，但ZOZOTOWN則實現了網路select shop的商城模式。

這樣的作法雖然也有不利之處，像是消費者無法實際觸碰到現貨、無法試穿等，但若是消費者熟知的品牌，已經知道自己的尺寸、喜好，甚至是穿起來的感覺，就能安心地在網路上購買。另一方面，有很多消費者會購入登載於時尚雜誌上的最新時尚商品，而ZOZOTOWN就把時尚雜誌當成「自家公司商品目錄」般。對於品牌廠商來說，ZOZOTOWN比起自家網站還更有吸客力，所以現在兩者間有著合作關係。

展示廳現象

在ZOZOTOWN中，實體店鋪與EC（電子商務）有合作關係，是足以威脅到實體店鋪的存在，但也有的業者是為處理網路這部分而苦思焦慮。家電量販店就是最具代表性的例子。此前，消費者為了能低價購入家電用品，多會去山田電機或是BIC CAMERA等家電量販店。因為那裡的商品種類多樣，價格也比附近的電器行或超商來得便宜許多。

但是最近的使用者多出了在亞馬遜等EC網站購入家電用品的機會。理由是，那裡的商品價格比家電量販店還要便宜。當然對於需要安裝工程或是組裝作業的商品，像是電冰箱、洗衣機、冷氣機一類的，消費者依舊會去家電量販店購買。只是像電視機、錄影機等AV產品以及電腦一類的，在網路上購買的消費者正急速增加中。

此外還有另一種消費者也在增加中，這些消費者雖會利用網路，但他們不是一開始就去EC網站，而會先在價格比較網調查「這件商品在哪裡有賣？賣多少錢？」之後才會去自己喜歡的店。有的人會逕自選擇價格最便宜的商品，也有的人會在自己熟悉的店鋪中，挑選其中最便宜的一間店。消費型態有千百種。

甚至還出現有一類消費者是，因為無法在網路上碰觸到實際的商品，於是他們會先去家電量販店等地確認好商品後再在EC網站上購入。相反地，也有的人在家電量販店看中了某件商品後，會回到家才在網路上搜尋、購入，像這類例子似乎也在增加。

像這樣只是為了選擇、確認商品等目的才去利用家電量販店等實體店鋪（作為展示廳來用），實際上卻在網路購物的現象，我們就稱之為「展示廳現象」。

這對於需要實際開設店鋪、積存商品、配置店員等得付出成本的實體店鋪來說，是很頭痛的問題。因為經營資源就這麼白白浪費掉了。但是實體店鋪至今似乎都還沒能拿出可以有效對抗的方法來。

顛覆規則的情況也出現在B2B中

電裝成了「汽車業界的英特爾」

那麼，到此為止我們已經看過了B2C（企業與消費者之間的買賣交易）的例子。在B2B（企業之間的買賣交易）的例子中，也同樣出現了規則顛覆。

例如說在汽車業界，在此之前是豐田汽車、日產汽車又或者在全球是福斯汽車（VW）或通用汽車（GM）等居於業界的領導地位，在其麾下則設置有各零件的製造商。

特別是在日本，會按汽車分成「系列」，將其零件製造者圈為己有，並在底下配置二級的零件製造商。以豐田為例，他們不是由自家公司來生產零件，而是從系列的零件製造商像是電裝、愛信精機或是豐田合成等買入空調、坐墊、汽車儀表、傳動輪等零件，組裝完成一輛汽車。

像是這些零件製造商也各自都有下游零件製造商或是原料商，構成一個巨大的產業金字塔。各個零件製造商各自對其產品的品質．成本負責，此外，對於交貨日期也是採即時生產制的交貨方式，所以能支持豐田的效率化生產體制，而這就支撐了豐田的品質、成本，甚至是有效率的經營。

可是，即便汽車業界中維持有這樣堅固的產業結構，也出現了大轉變。

勞勃．博世（Robert Bosch GmbH）是德國的汽車零件製造商，它供應給所有汽車製造商零件，而不只是供應給特定的汽車製造商，因此稱霸業界。例如像是柴油引擎車的重要零件燃油噴射，在該公司中就是壓倒性的第一名。

可以說，除了日本車，很多國外的廠商，沒有了勞勃．博世就做不出柴油引擎車。

這簡直就像是電腦業界中的英特爾。今後，比起製造整輛車的製造商，零件製造商的勞勃．博世在規模甚至是利益上都有可能變得更大。

當然，豐田的子公司電裝也擁有與勞勃．博世齊頭並進的技術。因此，若是電裝離開豐田旗下，以汽車零件製造商獨立發展，該公司也有可能會變成如「汽車業界的英特爾」

般的存在。

可是，這麼一來，此前一直屬於業界龍頭的汽車製造商就會變成單純的組裝廠商。因此，這對豐田來說也是很頭痛的。

Panasonic為汽車業界的執牛耳者？

另一方面，在汽車業界中，據說因為電動汽車（ＥＶ）的出現，而掀起了更大波的規則顛覆。現在是由汽油引擎車、柴油引擎車以及混和動力車等維持住了此前的汽車業界秩序。但是因為ＥＶ的出現，或許會改變業界的競爭規則。

例如在被打造成現今這般高度的產業金字塔中，從藉由磨光技術來製作出高完成度汽車的構成可以看出，人們已經能夠組合某些通用元件來製作出ＥＶ。

二〇一四年的現在，世界上生產ＥＶ數量最多的就是日產汽車，可是銷量最好的是美國的創業公司特斯拉汽車（Tesla Motors）。該公司便是將其既有的技術，利用在ＥＶ的核心零件電池與馬達上。

其中，電池掌握了價格與性能兩方面的關鍵。直到現在，電池的價格都占了車輛價格的一半以上，然而其性能卻絕非是完善的。續航距離頂多只有二〇〇～四〇〇公里。此外，與汽油不同，充電需要花時間，不可能要出門了才隨便充充電就好。

但是Panasonic卻因為自家電池被特斯拉汽車採用而揚眉吐氣。該公司所提供的電池是家電、相機，以及電腦等都在使用的鋰離子電池，是比單三乾電池大個一圈，非常普通的電池。特斯拉將幾千個電池裝載在一起，直排．並排地接續在一起，實現了高電壓與高容量。如果EV成了今後汽車市場的主力產品，我們幾乎就可以將Panasonic想成是電腦業界的英特爾或是汽車業界的禧瑪諾，在零件事業上是業界的龍頭。

改變的市場調查

同在B2B的世界中，企業在開發新產品、思考行銷法時會使用到市場調查。在這市場調查世界中，也相繼出現了重大的規則顛覆。

說起至今為止以消費者做為對象的市場調查，一般多會利用調查公司、細心準備、投入大筆預算進行。具體來說，經過事前討論後會做成問卷用紙、決定訪問項目，之後會發送出幾千份的問卷或是進行電話訪問，這是很理所當然的。換句話說，就是採用人海戰術。因此據說，即便只是簡單的問卷，花在一名回答者身上的費用就約是一萬日圓，在大規模的調查上自然就會花上數千萬日圓。

可是，因著網路的出現，情況大幅改變了。雖然在一開始會出現一些說法是，只有部分使用者會用網路，或是這樣的調查不適用於家庭主婦或高齡長者，但現在已經是國民全體都會使用網路的時代了，不論是什麼樣的訪問，幾乎都能應付得來。

改變最大的就是成本花費。因為可以用少於從前十分之一以下的成本來進行調查，使用調查的方式也出現改變。例如就算沒有做好事前的周詳準備，也可以先做個簡單的調查試試。若是這樣就能達成目的，那麼就可以早些結束工作。相反地，在試過一次後，也可以重做較詳細的調查，或是加入完全不同的觀點進去。

Macromill是這領域的龍頭企業，它正在急速成長中，甚至發展成有極大的影響力，能收購電通市場調查公司的電通營銷洞察（舊電通市場調查）。

新競爭的興起

以「商業鏈」來解讀異業競爭

因著異業的加入以及創業企業的興起，此前，我們一直認為很理所當然的商業模式已不再通用，並出現了新的競爭方式。有很多企業都因為無法對應這樣的變化而被淘汰。既存的企業該怎麼辦才能守住現有的事業並打贏這場戰爭呢？

我在二〇〇九年出版的《異業競爭戰略》

〔圖表1-1〕價值鏈與商業鏈

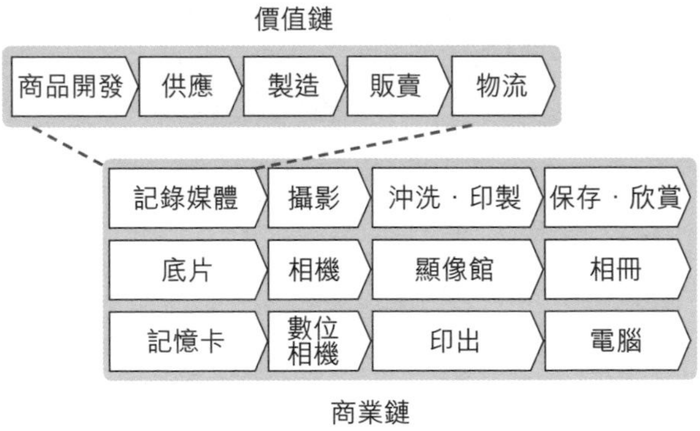

中提到，我們不能只抓住如此全般企業內部的「價值鏈」，還要抓住包括關係企業更大的價值鏈，這類新型競爭的示意圖就如右頁所示。我們將這大型的價值鏈命名為「商業鏈」（圖表1-1）。

例如讓我們來看一下在照相機、底片業界中的異業競爭（圖表1-2）。

所謂的照相攝影相關業界本來是指紀錄媒體，亦即製造·販賣底片的底

〔圖表1-2〕在照相機、底片業界所出現的變化

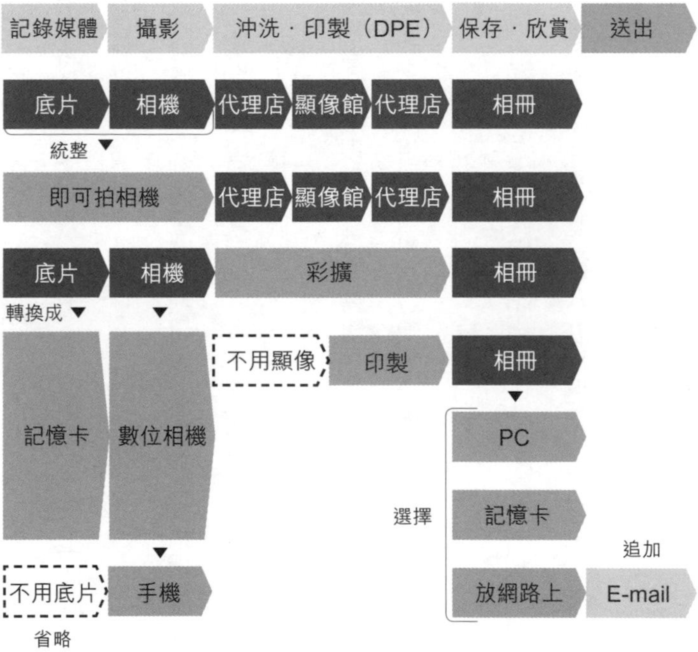

片公司、製造．販賣相機的相機公司、負責沖洗．印製的照相館（DPE）與顯像館，甚至還有為了整理保存並欣賞製作完成相片的相簿製造商，是由這些廠商明確分工而成。這些業界雖彼此會相互協調，但絕不是競爭關係。

但隨著技術的進步，這樣的情況也大有轉變。例如說底片製造商發售了即可拍相機，入侵了相機製造商的市場。而且因著彩擴機的出現，在街上的DPE店中就能簡單地沖洗．印製出相片來，導致顯像館的生意減少。

更甚的是，數位相機的出現更讓照相業界出現革命性的轉變。不需要底片、柯達破產、柯尼卡（現為柯尼卡美能達）也退出了相機事業，至此之前的光學式照相機被電子產品所取代，數位相機因而得勢。

還有，我們也可以使用便宜的列印機，在家庭中也能簡單印製相片。此外，因為一切都電子化了，拍攝好的照片也不需要全都洗出來。現在很流行在網路上將拍攝好的照片分享給家人或朋友。利用手機或智慧型手機發送照片也很常見。

給予這樣的情況致命一擊的，就是智慧型手機的照相功能。在一部分的智慧型手機中，已經附有稍微比小型數位相機還要高性能的相機，帶著數位相機到處走的人因而成了少數派。

競爭規則顛覆者的四種類型

消費者對於因異業競爭所出現的新商業或服務是大感歡迎的。但是，對於有著既存事業的企業來說，可以說現在正是會不斷出現競爭對手、戰戰兢兢的時代。就結果來說，這些企業會從此前與熟稔對手相競爭，變得要與不知道會發起什麼策略的對手對戰，往「異業競爭」大大邁進。所謂異業競爭在向前邁進指的是，若是從企業方角度來看，會出現如下般的顛覆競爭規則。

- 競爭場地改變
- 競爭對手改變
- 競爭規則改變

〔圖表 1-3〕競爭規則顛覆者的四種類型

	既有的產品與服務	新的產品與服務
既有的獲利模式	**改革程序型** 修改既有的價值鏈 • 亞馬遜 • SEVEN CAFÉ • ZOZOTOWN	**創造市場型** 具體化顧客沒有注意到的價值 • JINS PC • 東進高中 • 青山 Flower Market
新的獲利模式	**破壞秩序型** 將既有的獲利模式無效化 • 手遊 • Livesense • 好事多	**創造商機型** 發揮想像力與創造力 • 價格.com • Oculus Rift • 車輛共用

在本書中，我們將稱呼把新的競爭規則帶入既存業界中的競爭者為「競爭規則顛覆者」。

首先，我們可以來思考一下，競爭規則顛覆者到底有哪些類型？

誠如一開始所列舉的，如今正誕生出前所未有的新競爭對手以及新商業甚至是新商業模式。

圖表（1-3）是將改變了競爭規則的競爭方式統整為四種類型的矩陣。矩陣的橫軸為是否有提供新產品及新服務又或者是否已經有了的產品以及服務。

另一方面，縱軸則是針對該業界至此之前被認為理所當然的獲利方式，是否有提出新型態的獲利形式。

依照由這些橫軸與縱軸所組合起來的矩陣，可以將破壞競爭規則的競爭規則顛覆者區分為以下四種類型。

之後我們將以這個矩陣為基礎來展開討論。

- 改革程序型（Arranger）
- 破壞秩序型（Breaker）
- 創造市場型（Creator）
- 創造商機型（Developer）

是否提供新產品或服務？

我們再試著探討得更詳細些。矩陣的橫軸表現出的是，是否有出現此前其他公司所沒有提供的新產品或服務。

只不過，若只是改變了既有商品及服務的展示方法，就不能說是有新產品或是新服務。在此所指的對象是與新需求以及創造出新市場相關的全新商品以及服務。舉一個具體的例子：就像電腦與手機登場時，是前所未有的，是全新的商品與服務。又或者可以舉出另一個例子是，像電子書或是電動車那樣，是將相似於既有產品與服務的機能與價值，用完全不同的方式來實現的產品與服務。

位在矩陣右方的，就是那些會藉由提供新產品與服務而引起規則顛覆的競爭者。新市場不同於既有企業發展事業的既有市場，不會直接參與競爭（就算這麼做了，也不會有什麼影響），但是一旦新市場取代了既有市場，對既有企業來說，就會是個威脅。

另一方面，位在矩陣左方的是，不在新市場而是在既有市場競爭的競爭者。可是即便提供的是既有的產品與服務，這些競爭者卻會藉由改變成本結構、附加服務、業務程序、獲利模式等來改變競爭規則。

例如我們可以舉出以下幾個例子：在美髮業界中引起革新的店QBHOUSE，又或者是我們在一開頭就介紹到的手遊等。

不論是哪一種，都是提供既有的商品與服務，但卻都展現出不同於此前的提供方式而獲得成功。

對既有的企業來說，若否定了這是自家的產品或服務，（事業愈是發展順利）就會成為威脅。

是否已引進了新的獲利機制？

縱軸是針對此前被該業界視為理所當然的獲利方式，是否有創造出新型的獲利機制。位在矩陣下方的是藉由引進新型獲利機制而引起規則顛覆的競爭者。例如最具代表性的例子就是從前的唱片出租業，此前，對唱片業者來說，販賣才是常識，但這個例子則是把「出租」這個不販賣的機制導入到唱片業界中。

順帶一提，在音樂業界，之後也出現有像「iTunes」這類在網路上販賣的機制，或是每個月付固定金額無限聽音樂的「Spotify」這類商業模式。就像手遊以及地圖服務，此前這些商品或服務想當然爾都需要付費，現在卻免費提供，並設置從其他方面收取費用的機制，像這類情況也都是此類事例。

就像這樣，新型態的獲利機制被引進後，既有的企業要維持此前的獲利機制就會變得困難。

當然，也有不去改變獲利機制的競爭法。

位在矩陣上方的就是這類競爭者。在本章一開頭所介紹的薩波斯、ZOZOTOWN又或者是後面會提到的「SEVEN CAFÉ」（7-11以自助式來提供的咖啡）等都是這類競爭者。

以下我們要來看看位在矩陣中的四個規則顛覆者——破壞秩序型、創造市場型、創造商機型以及改革程序型的具體事例。

同時，我們會從第二章至第五章各章，仔細探討其各別的競爭方式。

在最後的第六章，我們則會把焦點放在，接受挑戰的既有企業方該如何重新訂定競爭規則，守護既有的事業。

競爭規則顛覆者的四種類型

破壞秩序型（Breaker）

破壞秩序型對既有企業來說是最強悍的競爭對手。因為他們會提供與此前幾乎相同的產品或服務，但獲利機制卻完全不同。這樣的獲利機制雖大受消費者歡迎，卻會讓既有企業陷入窘境。

手遊　此前，出門在外若要玩遊戲，只能買「任天堂DS」、「PlayStation Portable（PSP）」等這類專門遊戲機。可是最近，用手機也能輕鬆玩遊戲。

而且與專門遊戲機一個遊戲軟體就要價數千日圓比起來，能在手機上玩的遊戲很多都是免費的，又或者是只要一百～三百日圓的程度。對消費者來說，就算不用邊走邊拿著專門的遊戲機玩，也能享受到免費或是低價的遊戲。

既有遊戲業界的獲利機制是需要同時支付硬體與軟體兩筆款項，但其實就硬體而言，幾乎是不會有什麼利潤的，在賺錢的都是「補充品」軟體。

可是，手遊不需要準備硬體。雖然開發軟體會花費費用，但之後只會在網路上發布。因為是電子產品，追加的製造成本也只有一點點，就算是免費發送，也幾乎不會產生多餘的成本。

那麼，手遊到底要怎麼賺錢呢？那就來自於廣告跟購買遊戲道具。若廣告出現在遊戲畫面，手遊廠商就可以從廣告主那裡收到廣告費。商業模式同於無線電視。對廣告主來說，即便只有一個人也好，就是希望能多點人看到自家的廣告，所以也期待著，遊戲若免費將能聚集更多的玩家。

購買遊戲道具被稱為「免費增值」機制。可以在網路上販賣或是發送的電子產品在追加的製造成本上幾乎是零，譬如說在一百名免費使用的顧客中，有五名左右因為某種理由——例如說為了讓遊戲能順利進行而想花錢買入有利的道具，或是為了想優先獲得入場券等之類的理由，據說只要這些人能成為優良顧客就夠回本了。

對消費者來說雖然淨是些好事，但對既存的競爭者來說，這不僅破壞了此前為止的競爭規則，還會為了要採取對抗策略而不得不破壞自己的獲利機制，被迫得做出困難的抉擇。這一點從任天堂頹靡不振的業績就可看出。

LIVESENSE「JOB SENSE」（ジョブセンス）是LIVESENSE所經營，介紹打工的網站，可以讓打工求職者在網站上看到徵人廣告並去應徵的網站，乍看之下似是隨處可見的徵才網站，但卻與此前的徵才網站大有不同。

若是此前的徵才網站，徵人的企業首先會付一筆刊登徵人啟事的費用，在一定的期限內，能刊登徵才啟事。但是，若是在這期間沒有求職者，或是雖有應徵者卻不獲錄用，付出的刊登費用就等於是白白浪費了。

對此，JOB SENSE提出了成功報酬機制，亦即徵才企業直到錄用到人為止都不用付廣告刊登費。從不太頻繁徵人的企業或中小企業看來，是使用起來極為方便的網站。

可是在成功報酬機制中，成功錄取到人才的企業若沒有將這件事告知JOB SENSE，

JOB SENSE就收不到刊登費用，這是一大問題。為了防範這類情事發生，JOB SENSE引入了一套機制，就是在求職者找到打工時給予求職者一份祝賀金。藉由給予求職者祝賀金，不僅可以知道徵人企業是否有成功徵到人，也能知道求職者是否有順利找到工作。

像是瑞可利（リクルート）的TOWNWORK（タウンワーク）等舊型打工介紹網站，因為已經有了強力的業務部隊以及許多在事前就先支付刊登費用的顧客，所以很難採用和JOB SENSE相同的戰略。

就像這樣，JOB SENSE因為引入了新的機制而快速成長。但是在那之後，卻有了另一個問題，亦即在搜索引擎上並不熱門。雖然他們現在的成長不如以往，但LIVESENSE確是為徵才業界引進了新的獲利機制。

好市多　折扣店好市多被稱為「會員制批發商」，不成為會員就無法購物。年會費要四千日圓的高價（譯註：台灣的年會費約要一三五〇元），到二〇一四年十二月的現在，日本國內約有二十一間店鋪。

好市多的特徵是，在巨大如倉庫般的店中，商品的陳列方式幾乎就是放在紙箱中。店內幾乎看不到店員的影子，商品量也很多，例如披薩麵團是一打在賣，水是兩箱在賣等情況。麵包的販賣量也是以一打為單位，是一個家庭很難吃得完的量。這是承襲著要賣給業者時的方式而來，因此才會希望使用者要成為會員。若是成了會員就可以用批發價而非零售價格購入商品。

話雖這麼說，但在日本，加上公司團體的顧客，便宜的價格、美式風格的店面打造以及商品組成，以主婦及年輕人為首，也廣泛受到一般顧客所歡迎。

店鋪的獲利機制不僅限於商品的毛利（販售價格減掉進貨價）。實際上，好市多的會費收入占了收益的大半。根據該公司的損益計算表，針對營業毛利約一〇%來看，好市多也會花上約同等程度的費用在販售管理費上，幾乎沒什麼賺錢。取而代之的是，幾乎能與營業利益相匹敵的就是會費的收入，而且這已經成為了利益收入的主要來源。因此，對於其他不是實行會費制的折扣店來說，要與好市多對抗是很困難的。

破壞秩序型是，①即便提供相同的產品與服務，也能藉由引入新型的獲利模式而產生出新價值來。②藉由提供上述事項給顧客，將既有企業的獲利機制無效化，同時，對既有企業來說，就算想模仿這項新的獲利機制也模仿不來，形成了進入壁壘（Barriers to entry），這也可以說是這類型成功的關鍵。對既存企業來說，破壞秩序型是非常討厭的對手。

創造市場型（Creator）

市場創造型的獲利機制雖與此前的相同，卻提供了全新的商品以及服務。這類型不會侵犯到既有的市場，而是創造出前所未有的新市場，所以對遭受進攻的企業方來說，不是那麼令人討厭的競爭者。只不過，若新市場取代了既有的市場，就會成為很棘手的對象。

JINS的電腦用眼鏡 與現在一般認知用來「矯正視力」的眼鏡不同，電腦用眼鏡「JINS PC」以嶄新概念「守護眼睛」登場。這款眼鏡提出了空前的機能——藉由遮蔽有害光線（藍光），以減輕工作時眼睛的疲勞，才發售兩年左右，就賣出了三百萬副而成為大熱門。藉由從眼鏡這項既有商品中發現新用途，成功地開創了市場。而其獲利機制則與前此的眼鏡相同。

東進高中　既有的預備校（譯註：預備校，專門為了準備上大學、插大或是考研究所而上的補習班）商業機制是，在大都市圈設置大規模的教室，採取多人數現場授課的規模類型。但是，這對居住在地方都市中的在校生來說是行不通的。大都市裡的重考生自然而然會成為主顧客。從前被稱為「三大預備校」的駿台預備學校、河合塾、代代木講座等都是具代表性的例子。

針對這樣的情況，東進高中不僅在大都市，還開始在許多地方都市設置多間校舍，使用衛星授課，讓學生可以自行挑選時間聽講，因著採用這樣隨選型授課方式，使得東進高中獲得了急速成長。該校利用了這樣的作法，為同時想要兼顧社團活動的在校生以及地方都市的考生開拓出新的需求。

這樣的作法之所以可行，靠的是視頻授課，只要錄影下來就能不限次數靈活運用，是使用了衛星發送的視頻授課。其收取上課費用的獲利機制就和既有的預備校相同。

Aoyama Flower Market　以往，除了婚喪喜慶以及贈答用等法人團體的需要，鮮花主要會用在生日、結婚紀念日、發表會等私人場合的活動上，也就是有目的性的購買。因此鮮花店不一定要位在人來人往的地方或是市街中心。因為消費者會為了買花而特地出門。

針對這點，青山Flower Market提倡在日常生活中也能使用花的概念，並大幅降價，讓顧客輕鬆就能買到花。而且他們不止販賣有進貨價便宜的花，也買入品質優良的花，用便宜的價格出售。

可是，這麼一來營利就會減少，若是不大量售出，就不會有利益。因此青山Flower Market和以往的花店不同，會在上下客較多的車站或是站前人潮較多的地方設置店鋪。若在日常生活中要用到花，就要有能衝動購物的地方——所以花店位在人潮經常會經過的地方比較好。

就像這樣，該公司並沒有奪取既有鮮花店的需要，但又創生出新的需要來。

不論是哪一則事例，乍看之下，看起來都像是提供了和此前相同的產品或服務，但事實上，這些案例卻都著眼於此前未受滿足的需求而創造出新市場來。創造市場型就是：①不改變獲利機制，藉由產生出新產品與服務而開創出新市場、改變競爭規則。②這項成功的關鍵在於，將顧客本身都沒注意到的需求具體化。

創造商機型（Developer）

創造商機型是以新型的獲利機制提供前所未有的新產品或服務。

價格・com 價格・com株式會社所經營的「價格・com」是很受歡迎的一個網站，較之此前顧客必需親自前往各小型商店確認價格，現在可以讓顧客在自家或是出門在外時用電腦或手機就能輕鬆比價。甚至還可以直接連結到小型商店的ＥＣ網站，實際購入。現在，對消費者來說已經是不可或缺的網站了。

該公司的主要收入來源是，從販售物品的小商店方收取廣告收入以及從價格・com轉往各小商店ＥＣ網站時，消費者連結轉移的手續費收入。還有藉由刊登比較價格列表的手續費、針對廠商的商品企劃提案諮詢費等獲利。

最近，消費者在網站上的行動又有更進一步的進化。首先就是在實體店面確認實體商品後，在價格比較網上找到用最便宜價格販售的商店（ＥＣ網站），在那裡購入所需物品，像是這樣的購買行動正備受矚目。這樣的現象會讓小商店變成只是確認商品實體用的展示廳。對既存的小商店來說是很頭痛的問題。

Oculus Rift　各位知道美國的創業公司Oculus VR在開發中的頭戴式顯示器「Oculus Rift」嗎？這是針對虛擬現實（Virtual reality）專門化的頭部裝備裝置。像護目鏡那樣戴在頭上，就會在眼前浮現出立體的３Ｄ影像。然後只要啟動軟體，就可以體會到，例如像是實際在搭乘雲霄飛車般的感覺。

實際上，索尼早已經發售了幾乎擁有相同機能的產品。那麼Oculus Rift究竟和這既有的商品有什麼不一樣呢？

其中一點是，交出顧客來完成產品。為虛擬現實這項新領域所特製化的產品，我們還有許多未知，像是有什麼樣的使用方法？要開發什麼樣的軟體等。雖然也有像索尼那樣，由廠商準備好一切來販賣的方式，但也有像Oculus VR那樣將開發委託給第三者的。

在遊戲公司中，也有委託第三者來開發ＡＰＰ的案例。但是Oculus VR以一台只要三百美元的便宜價格，將開發套件賣給想要的人。結果，不僅是專業的開發者與企業，許多一般的使用者也想要購買，因而開發出各式各樣的ＡＰＰ。

這麼一來，市場就擴大了。據說，不只誕生出運動、娛樂以及障礙者的模擬體驗等許多ＡＰＰ，還出現了專用的硬體設備。將開發市場委託給使用者的結果就是，能不斷產生出許多前所未有的市場。

另一方面，其獲利機制也很獨特。創業公司沒有資金，所以首先會用被稱之為「群眾募資」的手法來募集開發資金。然後因為募集到了比預計還要多的資金，就能順利展開計畫。接著就像前述那樣，用一台三百美元的價格出售開發到一半的機械。包含開發者以外的一般使用者在內，初號機約賣出了有六萬台。之後的二號機雖也被當作開發套件販售，但實際上卻被視為是完成品。

該社的獲利機制是靠將未完成的產品賣給許多人來回收成本，是非常獨特的一種商業模式。這也可以說是創業特有的機制。

汽車共享　此前，若要使用汽車，一般說來多是自己買（擁有）車或是在必要的時候向租車公司租借。相對於此，汽車共享則是打造出一個會員組織，讓許多人之間可以共享汽車的使用。

使用者只要登錄過會員一次，就不需要每次都進行繁複的契約手續。此外，在自家或工作地點附近的停車場等只要走路幾分鐘就能抵達的地點即可租到車，不需要再特地上網預約。這一點與租車業就有很大的不同。

就比較上來說，其獲利機制雖與租車近似，但特徵是，必需要繳月會費以及即使利用時間只有十五分鐘也行（租車是以半天或一天為單位）。因此費用也是約數百日圓左右就能使用到的方便價格。似乎有很多人在去買一下東西時會把它當成計程車來使用。

創造商機型是：①以新的商業模式，提供給大家此前未有的產品或服務。②成功的關鍵是將想像具體化，也就是結合imagination（想像力）與innovation（創造力），打造出全新的商機。

在需求與商業模式尚處在模糊、不明確的階段時，是無法有計畫地創生出新商機的。有時是創業者的想法與考量成為原動力，之後才有獲利機制隨之而來。此外也有情況是，由技術或結構（開發中的新技術・材料・服務等）為起點，找出能活用那些的市場（需求）。

改革程序型（Arranger）

若不論是產品、服務還是獲利機制都和既存者相同，那麼又該如何來改變競爭規則呢？改革程序型是藉由修正自家公司的程序或價值鏈來提供給顧客新價值。例如說亞馬遜的網路書店販售服務以及7-11的SEVEN CAFÉ都是這類型的。

亞馬遜的網路書籍販售　因著亞馬遜的登場（這裡所指的不是電子書，而是紙本書籍的網路販售），市場是否有出現了什麼樣的改變呢？亞馬遜賣的是和既有書店相同的書籍以及雜誌。此外賣書的銷售額就是利潤的這個獲利機制也和既存書店一樣。可是，亞馬遜和既存書店有一點很大的不同，那就是，店鋪是架設在網站上的，消費者隨時隨地都能購物。

在既存書店中，因為有店鋪面積這層物理性制約，能夠保有的庫存量有限，可是在網路書店就不會有這樣的制約。實際上，亞馬遜誇口說自己有上百萬冊的備貨。當然只要使用檢索功能，就能在網站上找到想要的書。

就像這樣，利用網路書店購物，消費者就不需要特地出門一趟。又或者說就容易找尋書籍這點來說，亞馬遜為顧客提供了嶄新的價值。觀察顧客的購買程序就能知道，顧客省略掉了去書店、找賣場、調查書籍擺放書櫃等程序。

也因為有這項優點，亞馬遜的服務很迅速地普及，成了日本銷售額最大的書店。可是，從亞馬遜方來看，雖能減少花在實體店鋪上的成本，卻得整備好保管庫存用的倉庫以及送貨用的物流系統。

SEVEN CAFÉ　快速普及的 7-11 咖啡「SEVEN CAFÉ」也是改革程序型的一例。SEVEN CAFÉ 的服務是，顧客在櫃臺付了錢，就會拿到紙杯，然後再自己到咖啡機前倒入沖泡好咖啡。

在店中觀察這個過程，由顧客自己而非店員去倒入咖啡這點，就和既有的咖啡店以及速食店有很大的不同。因此，店家就可以輕鬆地以一百日圓的低價，提供顧客與此前咖啡廳所提供相同味道（品質）的咖啡。

此外，也不會因收收銀台作業效率的低落而要讓顧客等待。簡直就是創造了店家與顧客間「雙贏關係」的局面。

我們還可以舉出其他改革程序型的例子，像是剔除洗髮、刮鬍子等剪髮以外服務，成功減少了時間與成本的剪髮專門店QB House；可爾斯是女性專用體適能俱樂部，他們不設置多餘的水池或沖澡間，而且因為男性無法進來，女性們就可以毫無顧忌地來利用此處，所以大受歡迎等。

改革程序型是：①雖提供了與此前相同的產品或服務，但因改變了提供的方式而產生出新的價值。②此項成功的關鍵就在於修正已有的價值鏈。

＊＊＊

〔圖表1-4〕各自的競爭方式與成功關鍵

	競爭方式特徵	成功關鍵
破壞秩序型	產品與服務雖一樣，但藉由導入新型獲利機制而產生出新價值。	將既存企業的獲利機制無效化。
創造市場型	不改變獲利機制，藉由產生出新產品或服務來開創出新市場、改變競爭規則。	將顧客本身都沒有察覺到的價值具體化。
創造商機型	以嶄新商業模式提供人們此前未有的的產品或服務。	結合imagination（想像力）與innovation（創造力）。
改革程序型	即便是與此前相同的商品與服務，藉由改變提供的方法來產生出新的價值。	修正既存的價值鏈。

以上，面對新競爭者出現時，我們可以用矩陣（圖表1-4）來說明，那些新競爭者有可能是哪些類型的。這應該可以作為自己想開始新事業或是在既存事業中出現革新時的參考。在下面的篇章中，我們將會分析各競爭者的特徵以及競爭方式。

另一方面，若是在自己所屬業界中出現了新型態的競爭對手，應該也可以把對方放在這矩陣中的某處。為了了解敵人，又或者說為了預測日後可能出現的競爭，這個矩陣都是很有用的。在第6章中，我們將要來思考一下，受攻擊方的既存企業該如何防備。

第 2 章

削弱對手的獲利機制

破壞秩序型

改革程序型 Arranger	創造市場型 Creator
破壞秩序型 Breaker	創造商機型 Developer

用嶄新的競爭方式破壞秩序

LINE的免費通話——被帶入市場的新型競爭方式

有的競爭者即便提供的產品或服務幾乎與前此相同，但會藉由將新的競爭方式——獲利機制——帶入市場來改變競爭規則，有時甚至連既存的業界秩序也會被破壞掉。這些競爭者就是破壞秩序型。

他們所提供的產品或服務絕非嶄新的，但獲利機制卻全然不同，這究竟是怎麼一回事呢？我們可以舉出免費通話的APP「LINE」來作為破壞秩序型的一個例子。

在各位讀者之中，應該很多人有在利用「LINE」吧。使用被稱為「貼圖」的獨特圖形來聊天的方式受到大眾廣泛的支持，根據該社所做的發表聲明表示，據說利用LINE的人數包含日本國內外共有四億人之多（二〇一四年四月）。

其實這個LINE對NTT DOCOMO以及au這類手機電信公司來說造成了很大的威脅。原因就是，同是使用LINE的人可以免費通話的「免費通話機能」。這個通話機能和需要花費通話費的電話線路不同，可以藉由網路線路來利用封包交換，只要在簽訂契約時，加入封包的定額方案，不論怎麼使用這個通話機能，也就是是封包交換，都不需要付固定金額以上的錢。這就是LINE的通話機能在實質上免費的機制。

可是話說回來，LINE等的APP廠商本來就是利用手機電信公司提供的通信資訊基礎架構來展開服務。即便如此，因為LINE讓通話免費，對持續大量投資通信基礎架構的手機電信公司來說，就會把LINE等廠商看做是毀壞自己費盡心力耕作田地的問題人物。

新型的獲利機制破壞了業界的秩序

那麼，LINE又是怎麼獲取利益的呢？

那就是道具的費用。在聊天時使用的圖檔有要付費購買的；此外，LINE所提供的遊戲中，有能讓遊戲順利進行的道具，而其中一部分道具也是需要付費的。LINE之所以讓通話免費，不過是一種手段，為的是吸引眾多使用者，以獲得付費道具的費用。

聊天APP或是通話等服務的確不是嶄新的服務，可是卻因為帶入了新型的獲利機制，破壞了業界秩序，而造成了極大的威脅。

就像上述，破壞秩序型會將新型的獲利機制帶入既存市場，弱化既存競爭者的獲利機制。既存的競爭者因為無法進行與此前相同的競爭，就會被逼到窘境。

二〇一四年七月，NTT DCOMO引入了完全定額制的通話服務，亦即只要支付一定的費用就能無限通話的方案——能在日本國內無限通話。此前雖也有以同電信公司的終端通信或家人間等為對象的定額制，但這卻是第一次推出不限定通話對象的完全定額制。我們可以想成是，這是因為LINE的免費通話功能所帶來的威脅已經大到無法忽視，才會讓NTT果斷採用這項方案。

從既存的大型通信公司來看，LINE是APP廠商的其中之一。但是對於由他們所產生出的新型競爭規則，連大型業者也不得不跟著做。

手遊所帶來的獲利機制

與此非常相似的事例，我們可以舉出在第1章中提過的手遊。說起手遊，DeNA以及聚逸（GREE, Inc.）都是很有名的業者，但是讓手遊「龍族拼圖」紅起來的GungHo線上遊戲娛樂公司等在近年也有長足的成長。在手機中下載APP，只要於基本機能中玩遊戲，就不會產生費用。不過，就和LINE所提供的遊戲一樣，其機制就是在使用能幫助遊戲順利進行的道具（例如能使用強力魔法、能變更豪華衣服的道具）時會需要付費。

手遊帶入既存業界的新型競爭方式已如前所述。若要用「任天堂DS」或是「PSP」等專門的遊戲機來玩遊戲，就得要購買硬體與軟體，但手遊只要有智慧型手機，就不需要再額外支出費用。

手遊所帶入的新型獲利機制，弱化了藉由販賣硬體或軟體（又或者說是藉由授權費收入）來賺錢的遊戲機廠商獲利機制。特別是隨著使用智慧型手機的人增加，被稱為「輕度使用者」的多數遊戲新手將有可能流向手遊。

不僅限於ＩＴ相關產業

破壞秩序型不僅限於遊戲或ＩＴ領域。經營販賣即溶咖啡的雀巢，為了讓顧客在辦公室中能輕易喝到美味咖啡而推出的「雀巢咖啡大使」，也為既存市場帶來了新的競爭方式。

只要報名申請雀巢咖啡大使，廠商就會將咖啡機（咖啡師）送到辦公室去。這個機制是，只要裝進即溶咖啡的填充包，就能喝到剛泡好的咖啡。咖啡機是免費的，但填充包卻要收費。廠商就是藉由利用者不斷買入填充包來賺錢。

在辦公室裡提供喝咖啡的服務絕不是什麼新奇的事，但是這項服務的特徵是，比起自己泡的即溶咖啡更好喝、比起咖啡館更便宜方便，所以使用者正逐漸增加中。

在這項服務中本就存在的既存競爭者，我們可以想到的有，包含了雀巢本身的即溶咖啡廠商、將自動販賣機設置在辦公室內的飲料販售業者、辦公室周邊的超商以及咖啡館等。但是，因著這競爭方式實在太獨特了，可以說這些既存的競爭者很難提出有效的對抗政策與之相抗衡。

〔圖表2-1〕破壞秩序型所帶來的新型獲利機制

既存的獲利機制		新型態獲利機制（事例）
販賣	→	收費、廣告費用或基本服務免費（LINE、手遊）
販賣	→	消耗品，費用、本體免費（雀巢咖啡大使）
因融資所產生的利息	→	ATM服務的手續費（Seven銀行）
販賣	→	授權收入（Hello Kitty）
廣告刊登費	→	成功報酬（LIVESENSE、Jalan.net）

破壞秩序型所帶來的獲利機制

其他還可以舉出像是Seven銀行、三麗鷗、LIVESENSE等都是破壞秩序型的例子（圖表2-1）。在破壞秩序型中，有的競爭者是藉由從根本否定此前的競爭方式而生出新的競爭方式或獲利機制。

Seven銀行幾乎不會進行存款或融資等一般性銀行業務，他們的主要收益來源是顧客使用ATM時的「手續費」。他們不僅會在7-11等自家集團設施，也會在車站或機場等便利的場所放置許多ATM，所以提高了便利性。而且該銀行不只從使用者那裡，也能從使用者所有之存款帳戶的其他家金融機關那裡獲得手續費。

他們將「增加ATM使用數，用手續費來賺錢」這項新的競爭規則帶入了銀行業界。

三麗鷗是創造出 Hello Kitty 的催生者，他們從在自家公司企劃販賣吉祥物的商業模式轉往「授權」的獲利機制。此外，一般的授權商業多會對吉祥物進行嚴格的形象控管，但在三麗鷗，則會因商品的不同而認可適當的變更。

因為這樣，就能夠販賣多樣相關商品，同時，藉由讓許多國家接受這些吉祥物而讓營業額急速成長，轉變成具國際發展力的高收益事業。

LIVESENSE 跟此前一般性的徵才網站相同，針對徵才企業收受徵才廣告的刊登費用，但他們更導入了「成功報酬制」，也就是求職者受到錄用首次上班時，從廣告主那裡收取成功報酬。成功報酬型是該社帶來的新型競爭方式。

成功報酬型乍看之下會讓人覺得風險很高，但對廣告主來說，直到確定錄取前都不會發生費用，可以在決定錄用時才支付廣告費，所以接受度很高。

此外，成功報酬的一部分會作為求職錄取者的祝賀金而歸還，也能誘使正在找打工的學生利用該公司的媒體。

以商業鏈來解讀新型的對戰方式

五個方法——以商業鏈來抓住業界全體

那麼，要打造出新的獲利機制要怎麼做？在這之前，請各位先看一下「商業鏈」，這是能捉住獲利機制的視角。

商業鏈是比「價值鏈」更大一階的視角，是能抓住商業結構的視角。價值鏈能功能性地（創生出附加價值的過程）分解、顯示出單一企業的活動，相對於此，商業鏈不僅能看透單一企業的活動，還能將視角擴大到業界全體。藉由描繪商業鏈，就能掌握住業界全體的機能或活動走向，也能掌握住自家公司或事業所處競爭環境。

首先請使用這個商業鏈，看一下新的獲利機制是如何被打造出來的。在破壞秩序型中，雖會用不同的獲利機制來提供既有的產品或服務，但在商業鏈中，所有的各項要素又會發生什麼樣的變化呢？

要觀察這樣的變化，以下五個方法是很有效的。

① 省略……省略中間環節

② 統括……結合

③ 置換……代替

④ 擴大選項……增加選項

⑤ 追加……附加新機能或價值

以下我們將根據各方法來看一下商業鏈的變化。針對各事例，獲利機制（收費重點或商業模式）會有什麼樣的變化呢？

〔圖表2-2〕省略手遊商業鏈的一部分

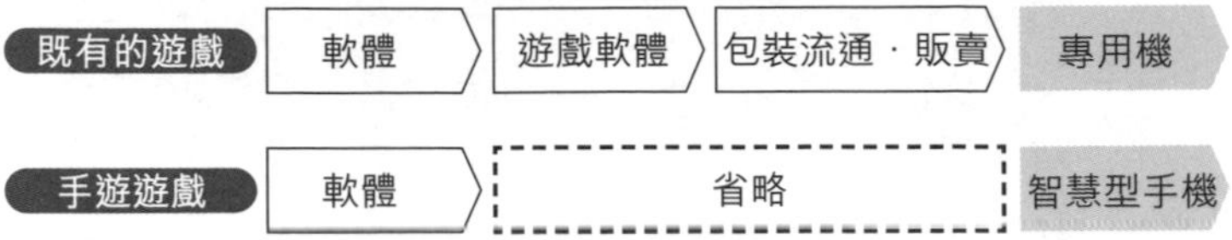

以「省略」來掠奪既存競爭者的收益來源

所謂的「省略」就是消除商業鏈的一部分。藉由省略，就能將「販賣」這個獲利機制變成「收費」。

前述的手遊就符合此法。對使用時間較少的輕度使用者或一般使用者來說也能玩到遊戲，所以就不需要特地去買專門的遊戲機。此外，可以用手邊就有的智慧型手機免費或是用比較便宜的價格下載遊戲，所以也不需要特意跑到店家去購買（圖表2-2）。

對企業來說的獲利機制是從販賣硬體及軟體，（在免費或以比較便宜的價格提供後）轉變為道具費用以及廣告費用。

就像這樣，若能省略商業鏈的一部分，導入新型獲利機制，就能奪取既有競爭者的收益來源。

利用「統括」來獲得手續費以及廣告費

所謂的「統括」就是將至此為止分成兩個以上的要素結合成一個。

「TripAdvisor」就是這類例子，它是全球最大的旅遊評論網站，每月有超過三億一千五百萬人的不重複使用者。

該網站在全球四十五個國家都有發展，來自會員的評論投稿刊登總數高達有一億九千萬件（二〇一四年十二月）。

使用者不僅可以閱覽與旅行相關的全世界情報與評論，還可以確認機票與飯店的最低價，然後由此前往各旅行公司的網站，進行預約或購買的手續。

TripAdvisor是藉由「統括」各種各樣的情報與相關網站來提高自家公司網站的魅力，吸引來更多的情報與人群。對使用者來說，可以在統一窗口比較價錢，也可以查閱到許多評論，因此使用起來很方便（圖表2-3）。

就像這樣，藉由「統括」商業鏈的一部分，就能更統括性地、更貼近消費者的需求

〔圖表2-3〕統括商業鏈，貼近消費者需求以獲利

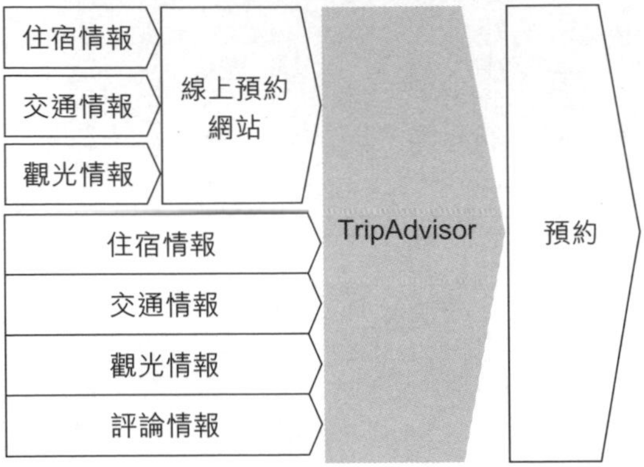

以獲利。既存的旅行公司是以販賣手續費來賺錢，但TripAdvisor的收入來源則是對連結網站收取連結的費用以及贊助商的廣告收入。

此外，istyle所經營的cosme‧美容網站「@cosme」也是同樣統括了評論，提供價格給消費者的事例。店鋪在使用該網站的評論‧排行榜為促銷工具時所付的使用費，也是該網站的收益來源。在藉由統括來改變獲利機制的事例中，可以說，多數都是活用了網路來統括既有的情報與服務。

用「置換」來取代既存競爭者

所謂的「置換」是將某要素換成了其他要

〔圖表2-4〕將「使用電話線路通話」置換成「使用網路線路通話」

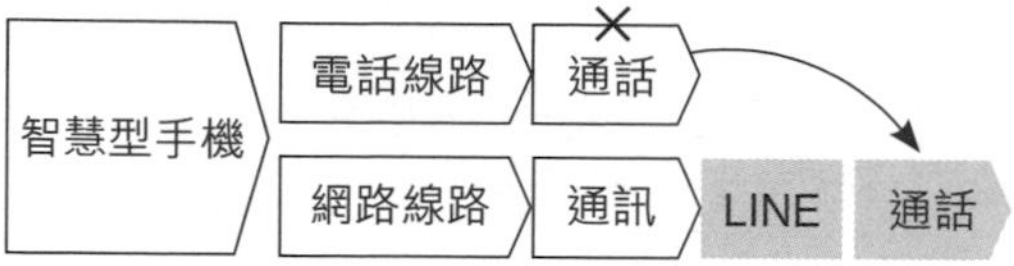

素。在本章一開頭就舉例的LINE免費通話服務就是這類例子。在這項服務中是將此前都使用電話線路的通話置換成使用網路線就能進行通話功能的通話（圖表2-4）。雖然有限制了通話對象的這個缺點，但不需要付費這點卻是優點。就企業方來說，其獲利機制是將通話費用置換為基本服務免費，但其他項目要收費以及廣告收入。

就像這樣，藉由置換商業鏈的一部分，只要提供給消費者附加價值更高的商品，或是更方便的服務，就能取代掉既有的競爭者。置換可以說多數都是因技術革新而產生的。

以「擴大選項」來掠奪既有顧客

「擴大選項」的情況是指，將此前只有一種的要素分開成好幾個。若能提供更為方便的選項（某項產品或服務），就能藉由取代既有的要素，奪取顧客。

讓我們來看一下辦公室的咖啡市場吧。其實，近年來有各式各樣的競爭者加入這市場，競爭變得愈形激烈。

首先，在辦公室外頭，羅多倫咖啡以及星巴克等既有的咖啡館也能提供外帶服務，再加上還有提供一杯咖啡一百日圓的「SEVEN CAFÉ」等超商以新競爭者之姿加入這個市場。

〔圖表2-5〕在辦公室咖啡市場中擴大選項

在辦公室中，除了有UNIMAT等賣咖啡的服務，還新加入了雀巢。在雀巢所展開的這個機制中（雀巢咖啡大使），廠商會免費將咖啡機（咖啡師）送到公司，只要裝入即溶咖啡補充包，就能喝到剛泡好的咖啡。

此外，在雀巢咖啡大使制度中，職場中的同事們會自動自發地成為「大使」，代替雀巢維護保養咖啡機，因此幾乎沒有成本。對雀巢來說，藉由消費者不斷購入補充包，就能定期獲得收入，這個機制還可以透過「大使」來介紹新產品的樣品。

〔圖表2-6〕新插入既有競爭者與消費者之間

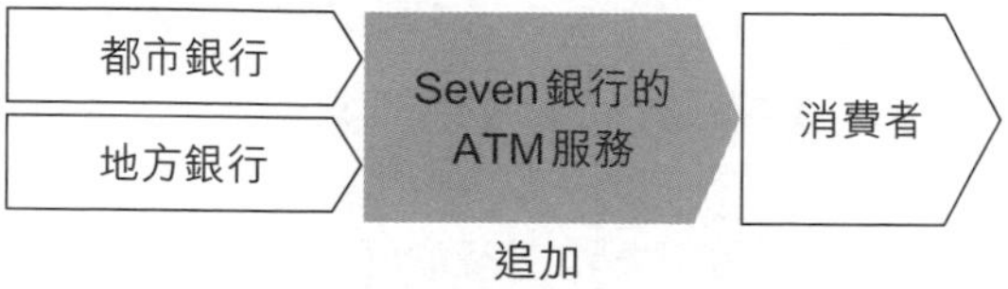

此前，雀巢都是透過超商等來販賣即溶咖啡。但是，雀巢透過大使制度進入辦公室後，可以說便奪走了既有辦公室咖啡市場的顧客。就像這樣，對消費者來說，同樣一杯咖啡，卻能因著提供場所、服務程度以及價格的不同，而擴大了各式各樣的選項（圖表2-5）。

對競爭者來說，因著互搶彼此顧客，而使得競爭更激烈了。

用「追加」來獲得手續費收入

「追加」，是將此前未有的新要素加入商業鏈中。特別若是能新插入進既有競爭者與消費者間，就可以獲得手續費。

Seven銀行就是很典型的例子。Seven銀行以高便利性的ATM服務為基點，藉此新插入進其他金融機關與消費者間來收取手續費的收入而獲得成功（圖表2-6）。該銀行不僅將ATM設置在自家集

〔圖表2-7〕Seven銀行ATM設置台數的發展變遷

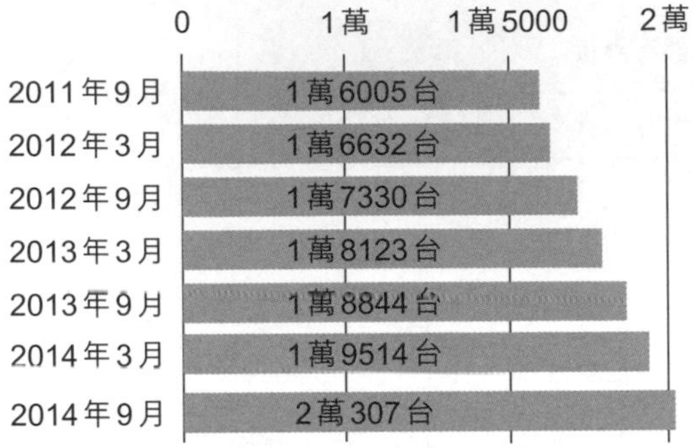

依據該社網頁IR資料作成

團中商業設施裡，也在車站以及機場等高便利性的地點設置許多ATM，發揮作為其他金融機關代理店服務的強項。

在二〇一四年九月底，Seven銀行已設置了二萬三〇七台的ATM，且數量仍在持續增加中（圖表2-7）。

ATM手續費是該銀行收入的主要來源，在一四年三月期中單體的經常收益為九九八億日圓，其中有九四三億日圓為ATM手續費收入，可見ATM手續費在收入中占有很大的比例。

削弱既存的獲利機制

兩個視角──改組商業鏈

若要弱化既有的獲利機制，該怎麼改組商業鏈呢？

首先請試著描繪出包含自己也在進行事業的商業鏈，接著統觀自己所有的強項及資源、產品與服務，試著來修正商業鏈。要解讀商業鏈，重要的是，要從消費者所在位置的「右側」看向事業上游的「左側」，觀察商業鏈的機能與活動趨向（圖表2-8）。藉由站在消費者的出發點來掌握情況，就能看見選項。

〔圖表2-8〕站在消費者的出發點來掌握住

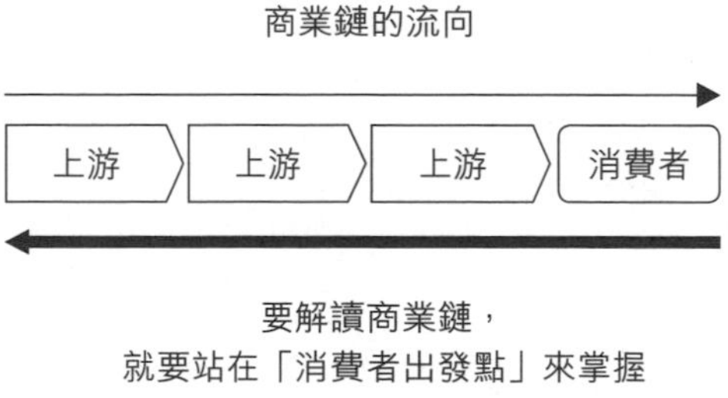

此時，我們所需要的視角是以下兩者。

①若Who（主體）改變，What（提供價值）也會跟著改變

②若Who（方法）改變，What（提供價值）也會跟著改變

以下我們來看一下遵循這兩個視角的事例。

改變Who

首先，讓我們來思考一下關於改變Who（主體）這件事。這時所指的主體是，在某處進行商業活動的自家公司立足點（位置）。請試著將自家公司的立足點盡可能置於靠近消費者的地點。請將那裡作為戰略的起點來思考。位在那裡的消費者會是什麼樣的消費者呢？例如Seven銀行的情況是，有消費者「雖然想使用金融機關的服務，但還要特地去找分店很麻煩。稍微付點手續費也沒關係，就是想利用在附近的服務」。Seven銀行藉由

鎖定有這些需求的消費者為主體，提供了與其他銀行不同的What，積極增加了ATM的設置台數。而且，若能通過商業鏈與消費者直接面對面，就能以代銷商的身分，獲得手續費的收入。這就和在前一章節的「追加」事例中所看到的一樣。

在我們周遭，位於東京．吉祥寺的「iPad魚店」，也是可以被稱為代銷商的一個例子。iPad魚店是街上新鮮的魚貨店，但店裡（可動式棚架）有的不是魚而是iPad。iPad可以用視訊和位在北海道小樽市市場內的新鮮魚貨店連線，例如若吉祥寺的顧客探頭看著畫面問「今天進了什麼貨？」魚貨店主就能在線上回答。雖是透過了畫面，卻可以有著像是實際在小樽店頭的臨場感般購物。iPad魚店會從小樽市場的鮮魚店那裡收取賣出金額的百分之十五作為手續費（日經MJ，二〇一三年一月四日）。

LINE的免費通話服務也是插入了手機電信公司以及消費者之間的一個例子。這服務普及的背景是，LINE使用者人數的增加。對使用LINE來做聯繫的人來說，他們會利用免費通話，而對沒有使用LINE的人來說，使用手機電信公司線路來通話的人則似乎也增多了。

LINE的免費通話服務藉由「置換」了手機電信公司的通話，擠入到消費者跟前。這個事例可以說，不僅限於代販商，也弱化了手機電信公司的獲利機制。

就像這樣，除了「追加」和「置換」，依據使用「省略」、「統括」以及「擴大選項」等方法，就能掌握住更貼近於消費者的立場。

改變How

其次，讓我們來思考一下改變How（方法），也就是獲利機制。

三麗鷗的「Hello Kitty」自一九七四年誕生以來就是長銷的人氣吉祥物，但也不是一路走來都那麼順利。該社在二〇〇〇年代中，因業績不振而苟延殘喘。但是，自那之後以〇九年為轉折，搖身一變成了高收益體質。

成為其轉機的就是從直銷模式轉變成授權。此前，該社都以直銷自家企劃的商品為主，但從〇八年起，將事業形式轉換成授權國外企業以獲得收入。現今，在一〇九個國家中都有販售Hello Kitty的商品（二〇一三年）。

此外，如前述所說，三麗鷗的授權有一個很大的特徵。在一般的授權中，為了保護品牌，會嚴格控管變更吉祥物的設計，但在三麗鷗，在變更吉祥物的設計上擁有較大的柔軟性，可以說正是這作法獲得了成功。該社除了在日本，還有在歐洲、北美、南美以及亞洲各處設置相關公司，負責許諾・管理企劃販賣以及著作權，採取積極擴大的策略。

因著這樣的戰略，誕生出了許多吉祥物以及商品等，像是有限定感的地區商品「本地Kitty」或是「跨界合作Kitty」，這些吉祥物或商品，即便文化不同也能為外國所接受。三麗鷗就是這樣展開了受全世界粉絲喜愛的吉祥物商品授權事業。

這就是藉由改變How（方法）來提供顧客需求，以提高事業利益率的例子。就像這樣，即便是站在商業鏈上游的位置，若擁有能夠成為核心的資產或資源，就能藉由改變提供方法來改組商業鏈並提高收益。像是品牌或吉祥物、祕傳的食譜或技術等，可以說，愈是擁有難以模仿的資產或資源就愈有效。

此外，專業的網路保險公司也在延伸他們的市場。只要通過網路提供服務，就不需要像既存的競爭者那樣，要有維持分店的營運費或是人事費用，就可以把便宜的保費當作武器。對既存的競爭者來說，此前建立的全國分店網以及基礎結構網會成為累贅，所以無法輕易反擊。這個事例就是，在顧客追求便宜的情況下，顧客會被奪走。像這樣使用IT或智慧型手機降低以往會花費到的成本的方法，可以說就是改變How的其中一種競爭方式。

破壞秩序型從哪裡來？

會發生破壞秩序型的兩個模式

話說回來，破壞秩序型是從哪裡來的，又或者說是怎麼產生出來的？在有著顯著或是潛在型不方便、不便利的市場中，發生破壞秩序型的事例有兩大類。

① 來襲型

② 變身型

一種是從市場外部而來的「來襲型」。這種事例是，新的競爭者從市場外部帶來了新的競爭方式，解決了消費者的麻煩，弱化了既存競爭者的獲利模式。Seven銀行、Line以及LIVESENSE都符合這個事例。

另一種是既存市場內的競爭者變身而成的「變身型」。既存的競爭者主動打破自己的商業模式，確立新型競爭方式。雀巢咖啡大使就是典型的例子。

以下，讓我們來看一下這兩種事例。

來襲型的破壞秩序

首先是從市場外部帶來新競爭方式的案例。在很多情況下，來襲型的競爭者會將既存市場中必要的經營資源「化減為零」，視此為最大的利益，並將之作為武器。

Seven銀行並沒有對既存銀行來說所必需的know-how（專門技能）、人才以及大規模營業網。此外，LINE也沒有既存手機電信公司所有的通信基礎設施。至於LIVESENSE不僅沒有龐大營業人員以及基礎網，可以做出招聘活動等進行事前宣傳的大規模媒體，甚且幾乎是從沒有半點經營資源的狀態下而起頭的。

另一方面，對受到來襲一方的既存競爭者來說，其在各自業界所擁有莫大的經營資源「關鍵成功因素法」（KSF）正是其競爭優越性的來源。就算是新加入的競爭者，只要使用同樣的競爭規則來戰鬥，就完全沒有勝算。

但是，因著競爭者帶入新的競爭方式，狀況有了改變。ATM不過是顧客服務的一環，對花費了莫大經營資源在其他本業上的既存銀行來說，比起增加ATM來對抗Seven銀行，還不如與之合作（付手續費以使用許多Seven銀行的ATM）才是上策。

對Seven銀行來說，集團企業所擁有的店鋪數是既存銀行所欠缺的武器。因為ATM手續費的商機，是取決於能設置多少ATM，由數字倫理（譯註：數字倫理，政治用語的一種，由田中角榮的「政治即數字，數字即力量，力量即金錢」而來。指的是完全不重視與少數派對話、不進行意見收集，單純以多數決來導出結論）來說話的商機。在二〇一二年，Seven銀行趁著在日本國內興起之勢，買下了美國的ATM經營公司，連在國外也展開了同樣的發展。

另一方面，LINE跟LIVESENSE和Seven銀行不同，他們並沒有強大的資源，得以構築起讓新加入者難以進入的障壁，所以有可能會出現與自身同樣、新的破壞秩序型對手。

變身型的破壞秩序

那麼，既存市場內的競爭者主動破壞自家公司的商業模式，確立新競爭方式的情況又是如何呢？在這種情況下，因為以新視角活用了「既有之物」，就會出現新的競爭規則。

「雀巢咖啡大使」在辦公室中免費提供咖啡機，相對地就獲得了定期且連續的咖啡機專用即溶咖啡補充包的訂單，是一個能提升利益的機制。設置辦公室咖啡機的發想同於消耗品的墨水匣，都能藉由替換新品來換取利益。

這個雀巢咖啡大使本是開發．販賣給家庭用的機器，如今則轉用為辦公室市場——這就是將已有之物，改用新視角以活用的一個例子。

在辦公室咖啡市場有兩大需求。其一是想在空閒時候用適當的價格喝到好喝的咖啡；第二個需求是，想在短時間內多次飲用。前者可在星巴克以及塔利咖啡，最近則還能在超商購買到現泡的咖啡；後者則是在辦公室內的自動販賣機可以買到的罐裝咖啡，或是可在Unimat所提供的機器服務買到。

從前可在辦公室內喝到的即溶咖啡則如前述般，因出現競爭對手而敗下陣來。因此廠商便想出了個主意，亦即推出雀巢咖啡大使的模式。

像這類型的變身型破壞秩序者，會用新的視角來抓住既存市場中的需求，藉由與已有的經營資源相結合，做出與對手間的差異。

產生破壞秩序碰撞的機制

誠如我們從前面看到這裡所點明的，破壞秩序型有「從市場外部而來的來襲型」以及「在既存市場內的變身型」，他們各自會採用如下的競爭方式。

- 來襲型……將未有之物作為最大的利器，急速展開
- 變身型……將已有之物與新視角做結合，打造高優勢

在來襲型中，重要的是展開的速度。因為在既存市場中，破壞秩序以及與破壞秩序後的競爭者展開競爭幾乎是同時發生的。

例如說，LINE就用壓倒性的快速持續在吸收使用者。而這些使用者人數就會成為後起者加入這市場的障壁。Seven銀行在壓倒性多數的店鋪中設置一台台簡易的小型ATM，以此確保其展開的速度。不論何者，結果都是在短期間內獲取了成功。

另一方面，在變身型中，重要的是要能結合已有的資源以打造高優勢。

雀巢咖啡大使以見縫插針的服務削弱了既存企業的部分獲利，但也不是非常迅速的展開。他們只不過打造出了一種優勢，讓其他公司就算想模仿也無法一朝一夕達成。其他公司想要實現像雀巢金牌咖啡那樣帶給顧客的安心感，或是可與Barista全自動咖啡機比擬的性能、品質與價格，都是非常困難的。

破壞秩序型是，①在既存市場內出現破壞秩序的狀態，②於破壞秩序後陷入競爭狀態的兩方面都獲得勝利時，就會產生出極大的碰撞衝擊。

第 3 章

將顧客沒有注意到的價值具體化

創造市場型

改革程序型
Arranger
創造市場型
Creator
破壞秩序型
Breaker
創造商機型
Developer

提案新價值，改變競爭規則

得勢的運動攝影機市場

是不是有很多人都會在YouTube或是臉書等社群網站觀看衝浪或是單板滑雪等臨場感滿點的動畫？這些動畫有很多都是用被稱為「運動攝影機」的裝置型小型攝影機「GoPro」攝影拍下的。

GoPro捨棄了既有攝影機上的標準裝備，像是背面液晶以及變焦等機能，除了小型化，還提高了耐衝擊性以及防水機能等，因此能夠從此前無法拍攝的角度拍攝或是拍下運動時的動態影像。

販賣GoPro的GoPro公司於二〇一四年五月，以上市美國那斯達克市場為目標，像美

〔圖表3-1〕GoPro、索尼家用攝影機的賣出台數變化

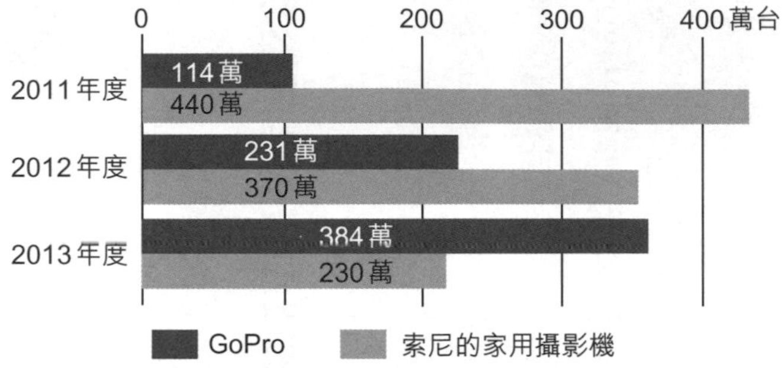

GoPro的申報表，根據索尼有價證券報告書作成。

國證券交易委員會提出上市申請資料。

依據其所公布的資料，該社的營業額自一〇年度的六四四六萬美元起，歷經一一年度的二億三四二三萬美元、一二年度的五億二六〇一萬美元，進展到一三年度的九億八五七三億美元，以將近倍增的水準在成長。

此外，GoPro的賣出台數於一一年度是一一四萬台、一二年度是二三一萬台、一三年度是三八四萬台。

另一方面，索尼的攝影機賣出台數發展是：一二年度是三七〇萬台，一三年度是二三〇萬台。GoPro公司賣出的基本台數已經超越了索尼，可以說是一躍而成為攝影機市場中的第一名（圖表3-1）。

當然，以索尼為首的既存競爭者也企圖要改

善機能，像是開發最先進的高機能攝影機等。但是，在全球攝影機市場已臻成熟的情況下，以GoPro為主的運動攝影機，呼應了消費者潛在的需求，開創出了新的市場，因而改變了攝影機市場的競爭規則。

新市場在侵蝕既有市場

GoPro從販售起的〇九年至一一年，運動攝影機的市場就不是以像索尼以及Panasonic等大型企業為對手，而是抓住了針對戶外運動愛好者等少數消費者為訴求的利基市場。索尼在二十年前也曾推出「微形攝影機」這類近似運動攝影機的產品，但當時還沒有這麼多「裝設攝影機拍攝動畫」等類需求。

運動攝影機這類新市場之所以會成長的背景，是與消費者息息相關的周遭環境或生活方式產生了變化，又或者說是消費者至此之前很理所當然地認為、於無意識下忍耐的需求，有了可能將之實現的技術性突破進展。

其中之一是對攝影機有需求的消費者價值觀出現了變化。社交網路服務（SNS）普及後，拿著智慧型手機行走，拍下日常的照片或影片，將之上傳到SNS的機會就增加了。照片以及影片從「保存用」轉變成「共享用」。

在親密的友人以及家人間，可以影片或照片為媒介擴展溝通，也讓話題動畫增加了吸引大家注意的機會。

另一點是小型・輕量化技術的進步。將能拍攝高畫質動畫的攝影機小型・輕量化的技術，以及能將拍攝好的影像以低成本（幾乎免費）上傳的網路技術也進化了。

更甚的是，在最近，於業務用攝影機等高階市場中也開始受到了GoPro的影響。最新機種的「HERO3」是以往業務用攝影機約十分之一價格的產品，而且能拍攝足以提供播放用的影片。

此外，因為運動攝影機普及、低價化，在播放以外的業務——像是人難以踏入的災難現場或工程管理的現場等，也能進行攝影。可以說，消費者是受到新製品的誘發而產生出了新的需求。

創造新市場，改變競爭規則

就像這樣，獲利機制與往昔相同，在既有的產品與服務中提供新機能與價值的競爭者，就稱為「創造市場型」。創造市場型藉由打造出既有競爭者之長處派不上用場的新市場，改造了競爭規則。

例如說，既有攝影機中的輕便式攝影機會儲存有孩子入學典禮或運動會模樣的紀錄，雖回應了消費者能讓家人一同觀賞的需求，但是運動攝影機所提供的機能卻與此不同。他們所要求的不是在最先進且高機能上爭勝，而是該如何聚焦在機能上將之小型化，以提高耐撞擊性以及防水機能等，就是運動攝影機的強項。

現在人經常會拿著相機到處走，拍下自己現在在幹嘛，並發送郵件給朋友，這是現在很常見的事，隨著SNS以及動畫投稿網站的出現，這樣的情形愈形擴大。能抓住這種新需求的新市場若比既有市場更吸引人，創造市場型競爭者就能更加使人注意到他們的強項。

這麼一來，既存的競爭者就會面臨危機。對既存競爭者來說，創造市場型的競爭者的事業愈是順利，就愈是難纏的競爭對手。

電子書提供了新的閱讀體驗

那麼，在各位讀者之中，於出差或旅行之際，應該有很多人有過這種經驗，就是覺得在車站或機場等待的時間有點無聊吧。

可是旅行時帶去的書一般多為一本，最多也就幾本。

此外，即便因為工作或興趣而忽然「想要讀那本書」，但夜已深，商店已結束營業，所以只能等到明天，各位是否也有過這樣的經驗？

電子書籍便是將讀者從這樣的不便中解放出來。

若是電子書籍，不論何時何地，只要想到「我想讀那本書」，就能立刻購入閱讀。此外，也可以將許多本書保存在終端機裡帶著走。甚且，只要利用雲端環境，幾乎就可以隨身攜帶無數的藏書。

賣書賺錢的「獲利機制」雖然至今未變，但藉由電子化，不論幾本書都可以帶著走，隨時都能下載、立刻閱讀，在提供了這種「新價值」的點上，電子書也算是創造市場型的例子。

電子書籍提供給費者「新型閱讀體驗」的這個選項，雖還不清楚是否會奪去讀者對既有書本的需求，還是會挖掘出新的需要，但確有可能從根本上改變競爭規則。

從桌機電話到手機、智慧型手機

對固定的桌機電話來說，手機也屬於創造市場型。手機以隨時隨地都能講電話的便利性為武器，奪去了至今都蔚為主流的固定型桌機電話市場。

而現在，則是智慧型手機取代了一般手機。智慧型手機既維持了攜帶性功能，而且不止能「通話」，還能「通訊」，亦即能通過網路線路獲得電子通訊服務，因此創造出了新市場。

此外，電視也是，因擁有了不同於本來機能的競爭主軸而誕生出新市場來。此前的電視不過就只是接受電視台提供播放節目的「接收器」，但因著能夠發送各式各樣影像內容的方式而登場，就演變成可以隨時都能在自己喜歡的時間內選擇喜歡的內容再播放的「輸出裝置」。

甚且在最近，隨選視訊（VOD）以及免費動畫網站等，也增加了除電視台提供之外的影像內容，讓消費者不僅在電腦以及平版上可以觀看，用電視也看得到，提供的服務正在擴大中。今後消費者對於電視機所要求的機能，將會逐漸從「接受器」轉變成「輸出裝置」。

不僅限於與IT相關

創造市場型不僅限於與IT相關。例如說像特定保健用食品也是創造市場型。特定保健食品有助於維持健康或減肥的基本機能不變，但比起運動，能以更輕鬆的方式享受到同樣的效用，因產生出這樣的方便性，而打造出新市場來。

還有JINS所發售的電腦用眼鏡「JINS PC」、由Nagase所經營的大學考試預備校「東進高中」也是創造市場型。

〔圖表3-2〕創造市場型打造出的新市場

既有的產品與服務		新產品與服務（事例）
家用攝影機	→	運動型攝影機（GoPro）
接收節目訊息	→	影像輸出（電視）
視力矯正	→	保護眼睛（JINS PC）
超市、個人商店	→	超商（7-11）
飲料、營養補充品	→	健康食品機能飲料
桌機電話、手機	→	智慧型手機
現場授課	→	錄影授課（東進高中）
紙本書籍及雜誌	→	電子書（Kindle）

JINS PC在以往眼鏡所有的「矯正視力」功能上，再加上了「守護眼睛免受（電腦等電子機器所發射出來的）藍光侵害」的功能，開創了電腦用眼鏡的新市場。

東進高中藉由提供「影像授課」而非以往的「於教室內進行授課」，讓忙於社團活動的學生、住在郊區的學生，都能不受時間、場地的限制，接受有名講師的授課，創造出了新市場。

不論是哪一種競爭者，都是藉由打造出新市場而替換掉了舊有的競爭規則（圖表3-2）。

創造市場的起點在哪裡？

是要提升便利性？還是要消除不便？

創造市場型的競爭者，藉由提供此前未有的新產品與服務來創造新市場，迫使既存競爭者改變舊有競爭規則。

那麼，像是這樣的競爭方式，也就是新產品及新服務又是如何被創造出來的呢？我們利用在第2章介紹到的「商業鏈」的思考方式，就可以分析出新市場是怎麼誕生出來的。首先在此之前，讓我們來看一下創造市場的起點在哪裡吧。

那就是以下兩者其中之一，又或者說是兩者都有。

① 提升便利性的創造市場

② 消除不便的創造市場

這兩者的不同點就如字面上所說，差就差在到底是要提升便利性？還是消除不便？乍看之下或許會讓人覺得這兩者是相同的但其實差異的點就在於是要好上加好？還是讓不好歸零？（又或者是轉負為正？）

例如，智慧型手機與電子書的新市場，可以說是以提升便利性為起點的創造市場。

另一方面，東進高中的例子是以解除不方便為起點的創造市場。該校提供了「錄影授課」而非如從前那樣的「於（位在都心的）教室進行授課」，即便是忙於社團活動的學生，或是住在地方都市的考生，都能不受時間及場所的限制，接受有名講師的授課。

破除補習制約的東進高中

我們來用商業鏈看一下東進高中的例子。

在預備校的商機中，是以獲得通過考試的必要知識這個需求為起點，有著「教材」「講師」、「講義」、「模擬測驗」的商業鏈。身為消費者的預備校學生會依其各自的學力，或是能來上課的日子等情況來選擇上課科目，在固定時間內，到固定的教室中接受授課，並且定期性地接受學力測驗的考試。

預備校商業模式所擁有的隱含前提是，主要目標客群是重考生。預備校提高需要的時間是從一九七〇年代起到九〇年代前半，相較於大學入學有名額總數限制，考生人數很多，是個很難進入大學就讀的時代。想要進入稍微好一點的大學就讀，重考個一次兩次是很理所當然的，會需要進入預備校就讀的有大半都是重考生。對預備校來說，比起在校學生，較能從學習時間較長的重考生那裡獲得更多的上課費用，所以重考生可是很吸引人的收入來源。

此外，當時還不像現在有寬頻環境。因此，預備校的商機結構就是，限於人氣講師的授課，即便只多一位，也想盡可能多收點學生。也就是聽講生得在建於電車總站附近的大型大樓中的大教室內，在固定時間中，和其他大批學生一起接受單向的授課。

但是，對於有社團活動等時間限制，或是居住在地方都市的在校生來說，要利用這樣

〔圖表 3-3〕東進高中將現場授課轉換成錄影授課

的預備校有其困難的一面。不僅限於要去一般補習班的日子會碰上想聽的課開課，若教室不是位於通學路上，花費在去補習班的時間就會增多。

在這樣的情況中，東進高中引入了「錄影授課」，不僅維持了上課的品質，也消除了時間上・物理性的「制約」。東進高中將人氣講師的授課錄下來，藉由VOD或是DVD等錄影發放訊息來進行授課。學生們配合自己的程度以及目標來選擇課程，可以在喜歡的時間上課。不懂的地方就重複看，也可以配合自己預定，分成好幾回來聽課。跟從前不一樣，不再需要在固定時間去到固定的場所了（圖表3-3）。

破除制約，拉攏潛在需求

因著導入錄影授課，東進高中就不需要把教室設置在電車總站附近，也不需要大型教室。實際上，該校有很多教室不僅沒有設置在電車總站附近，還會設置在車站前的小型大樓中。

更甚的是，因為是錄影授課，也不會有「講師數」這類資源上限制。他們以「東進衛星預備校」這樣的加盟連鎖，於全國展開同質性授課，因而能夠滿足地方在校生的需求。

從一九九〇年代前半期以後，不景氣加上少子化與大學數的增加，使得「大學全入學時代」正式到來，重視當屆錄取入學的傾向正年年增高。在這樣的環境中，東進高中具體化了消費者潛在的需求，這就是讓該校能大幅躍進的原動力。

運動攝影機提升了便利性

相對於此，運動攝影機則能提高便利性。

如前所述，既有攝影機之中的手提式攝影機的商業鏈和一般相機以及數位相機一樣，基本模式是「攝影」、「保存．觀賞」。對消費者來說，他們的需求就是記錄下孩子的入學典禮、運動會等人生中的各階段，讓家人能一同觀賞。

〔圖表3-4〕捕捉到需求變化的運動攝影機

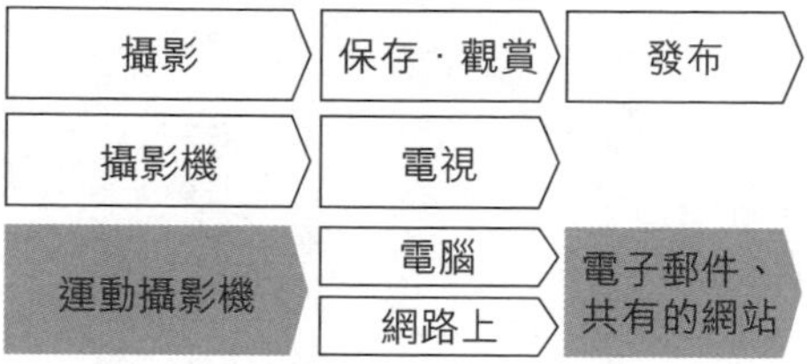

可是，因著手機以及智慧型手機的出現，讓消費者使用攝影機的方式起了變化。人們常會隨身攜帶攝影機，將自己現在在做些什麼事拍攝下來，並投稿到SNS上，這一切都變得很理所當然。消費者的需求從此前個人的「保存·觀賞」，轉變成意識到那是要給予不特定多數人閱覽的作品而「發布」。

運動攝影機就能應對像這樣追求「想發布」這類新型態的便利性。他們能技術支援將攝影機小型·輕量化，符合了以此新需求為起點而產生出的商業鏈（圖表3-4）。

是需求還是種子？

就像這樣，創造市場若是以提升便利性為起點以及以消除不便（制約）為起點的情況可以分為兩類。不論是哪種情況，都對應了消費者所抱持著的潛在需求。

話雖這麼說，在這類潛在的需求中也有各式各樣，從有些是消費者自己有意識並希求到但還沒被實現的，到消費者本身都還沒注意到的都有。特別是關於後者，可謂是種子，亦即可藉由活用有可能使其事業化或是產品化的技術以及實際知識，讓消費者認識到需求，打造出此前未有的新市場。

例如電子書籍以及智慧型手機就是這類型的。

「想讀書的時候，希望可以隨時隨地立刻購買書籍來閱讀」、「行動通訊若不只能通話還能上網就太方便了」，消費者並不是從一開始就有這類明確的需求。但是在活用了電腦技術、網路、雲端服務等通訊技術的「種子」，因著實現了這樣的產品與服務，需求就顯像化了。

其他像是統合了此前各自分散的地圖資訊與店家資訊所產生出的新服務，也可以說是為了能夠「隨時隨地檢索資訊」而誕生出來的。這也是因為有能將資訊檢索變得可行的技術（種子），才讓需求顯像化。

不論是哪種情況，作為能實現需求的手段，都得要「翻譯種子」。

用商業鏈來解讀新的對戰方式

五個視角，抓住顧客尚未覺知的價值

那麼，實際上該怎麼改組商業鏈呢？我們來循著第 2 章也提過的，商業鏈的五個方法看一下。五個方法如下所示。

① 省略……省略中間環節

② 統括……結合

③ 置換……代替

④ 擴大選項……增加選項

〔圖表3-5〕VOD省略掉部分商業鏈

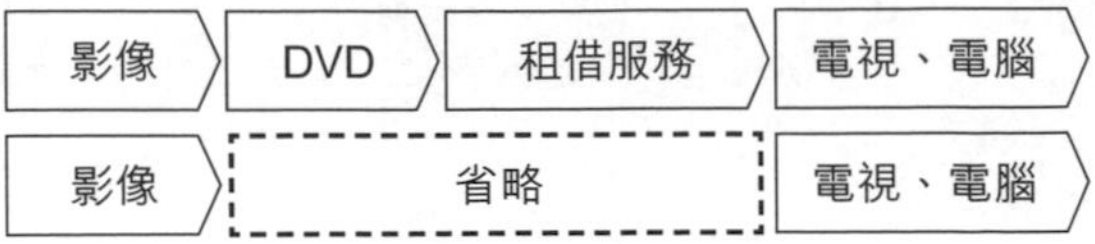

⑤ 追加……附加新機能或價值

利用「省略」消除不便

若能藉由「省略」商業鏈的一部分，消除消費過程中的不便，就能打造出新市場。例如提供VOD服務的競爭者，開始提供可以使用自家電視或電腦、智慧型手機，隨時觀看喜歡節目的服務。這就是「省略」了店鋪（圖表3-5）。因著像這樣的新市場抬頭，便奪去了店鋪型錄影帶出租店的顧客。對顧客來說，少了特地去店鋪借DVD、看完後還得去還DVD的手續，因而非常方便。實際上，在美國，大型錄影帶出租店百視達已經陷入了經營的困局。

若是因省略而誕生出的新市場受到了消費者的支持，既存的競爭者因被奪去了顧客，就會陷入窘境。更甚的是，新市場恐怕會取代掉既有的市場。

和在第2章提過的事例一樣，在「省略」中，可以說有很多案例都是活用了網路。

藉由「統括」提高顧客的便利性

若能藉由將商業鏈中數個要素「統括」為一來提高顧客的便利性，就能創造出新市場。前面已敘述過，相對於只有「通話」功能的一般手機，智慧型手機統括了「通話」與「通訊」兩個功能。用一台手機除了能通話，還能透過網路利用各種各樣的服務。

此外，也有很多人因為持有智慧型手機，就不再拿手錶、計算機、便攜式音樂播放器、行程記事本。因著智慧型手機的出現，這些東西也被統括了起來（圖表3-6）。

〔圖表3-6〕智慧型手機統括了通訊與通話

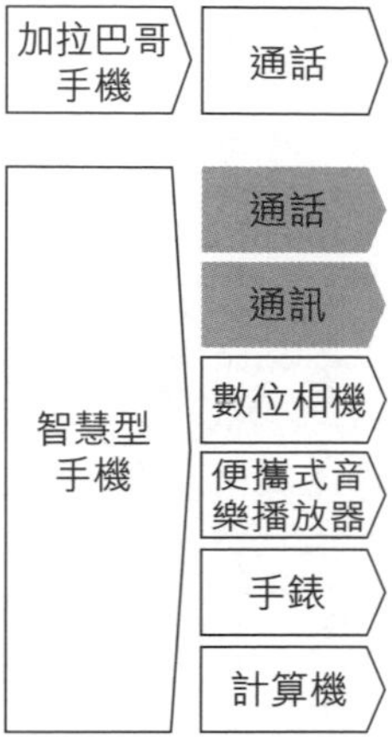

若是消費者支持將數個要素統括起來而誕生出的市場，顧客就會被奪走，既存競爭者就會被逼到窘境。更甚的是，新市場恐怕會取代掉既有市場這點，同於「省略」的情況。實際上，被稱為「加拉巴哥手機」（譯註：加拉巴哥是接近南美洲赤道群島名稱，生物學大師達爾文認為，加拉巴哥群島上生物由於與世隔絕，反倒自行演化出與大陸同類生物不同的物種。此詞最初是用來形容日本最一般的手機，既無視海外需求，發展的特色及功能也與世界標準不同。後「加拉巴哥化」成為了日本的商業用語，指在孤立的環境下，獨自進行「最適化」，結果喪失和區域外的互換性，面對外界時的適應性和生存能力低，最終陷入被淘汰的危險）的傳統手機便陸續被智慧型手機給取代。

可是，我們還必須要留意一點，亦即「單只是統括是不行的。若沒有提高便利性就沒有意義」。實際上，NTT DOCOMO在一九九九年開始的「i模式」服務也有為一般手機提供網路功能，但是只能連上限定的網站，所以無法成為能與智慧型手機對抗的服務。

利用「置換」消除不便

如果藉由「置換」商業鏈的一部分能消除消費過程中的不便，就能打造出新市場來。

〔圖表 3-7〕東進高中將現場授課置換成錄影授課

前面提到東進高中的例子就符合此點。該校藉由將「現場授課」置換成「錄影授課」消除了不便（要去補習班的制約），抓住了在學生（特別是居住在地方都市的在學生）的需求。也可以複製有名講師的授課，消除了時間上・物理性的制約（圖表3-7）。

因著「置換」所誕生出來的新市場有兩種情況：侵蝕了既有的市場，甚至是取代了既有的市場；不會分食既有市場，而是發掘出全新的需要。

在東進高中的案例中，還有另一面是，藉由除去了通學這項制約，挖掘出了潛在的需求（在學生，特別是居住在地方都市的在學生）。可是，若是被新市場侵蝕甚至取代時，既存的競爭者就會被逼入窘境。這時候對既存的競爭者來說，就必需要注意，自己此前的強項恐怕將會轉變成弱點。

例如說，在東進高中案例中，因著該校打造出了新市場，預備校商業競爭中的競爭順序就會從「在都心有大型教室」轉變成「講師以及授課的品質」。這麼一來，對已經有大型教室以及多數職員的既存競爭者來說，是很難進行模仿的，此前的強項（在都心擁有大型教室以及多數的職員）恐怕將會變成弱點。

創造新市場以「擴大選項」

所謂的「擴大選項」是指在商業鏈的一部分中，用不同的方式提供與此前相同功能的案例。

例如營養補充劑以及特定的保健用食品（特保品）就符合此例。不論是哪一種，都是以方便的方法來代替維持健康所必需的運動與飲食，而受到消費者的支持。就像這樣，若能作為選項之一而獲得消費者的支持，就能打造出新市場來。

其實超商與宅配在誕生的時候，也是作為選項之一而登場的市場創造型競爭者。這兩者不論是誰都幾乎是和高度經濟成長期結束時同時誕生而出，並自一九八〇年代起，急速擴大的服務。

超商既是購物場所的選項之一，還有一個與當時屬全盛期的超市及百貨公司不同的強項——以「即便很晚，也能立刻在附近購物」這種便利性為武器，完全改變了此前零售業的競爭規則。

開始宅急便業務的的雅瑪多運輸公司，做為個人在寄送小件物品時的選項之一，以「一通電話收貨，隔日送達」的便利性為武器，打造出新市場。此前，個人在寄送小型物品的時候只能拿去郵局或日本國有鐵道寄送。

就像這樣，作為選項之一，因著拓展程度的不同，既有侵蝕掉既有市場（就像在置換中所看到的那樣）的情況，也有不會分食其他既存市場，而能挖掘出全新需要的情況。

因此，「在有限的目的與預算中，消費者會選擇何者？」這樣的視角就很重要。因為作為選項之一，若與互相比較的對象間沒有太大的差異，有既存者就已經夠了。

此外我們還必須注意到一點，也就是作為選項之一，有能完全取代掉既有功能的情況，也有的情況是不一定能與既存功能相提並論，而無法被消費者認為是替代品的。

例如，都市型ＳＰＡ、按摩、旅行以及雜貨等，消費者會將這些各個不同的商品或服務都同樣當成是「療癒法」而需求著。

這就是異業競爭者在搶奪同一個錢包的競爭事例。

在「擴大選項」中，也會出現有被料想外的其他業界競爭者奪去需求的不安。

利用「追加」提供新價值

「追加」是將此前未有的要素追加進商業鏈中的情況。

運動攝影機在「保存．觀賞」上還追加了「發訊」的要素。這麼一來，運動攝影機就符合了需求（圖表3-8）。

此外在「JINS PC」中，商業鏈雖沒有改變，卻在商業鏈所提供的價值（視力矯正）上追加了新價值（保護眼睛免受藍光傷害），開拓出新市場。

就像這樣，藉由「追加」，就能創造出新市場來。此外，新市場既有會侵蝕掉既存

〔圖表3-8〕捕捉到需求改變的運動攝影機

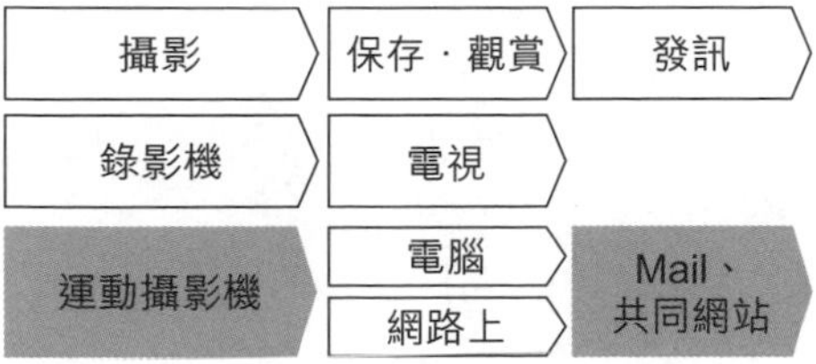

市場的情況，也有不會與既存市場搶食，開拓出全新市場的情況。

不過，「追加」很容易模仿，既存競爭者會一個接一個加入進來，所以必需要注意。

實際上，在GoPro所開拓的運動攝影機市場中，也陸陸續續出現了索尼、JVC建伍、以及Panasonic等新加入的廠商。

此外，在JINS PC所開拓出來的電腦用眼鏡市場中，Zoff以及眼鏡市場等也加入了進來。

做為先驅者，最重要的就是該如何維持自家公司產品以及服務的競爭優勢。對既存的競爭者來說，必需要留意的是，該如何將先驅者的利益限縮到最小化。

轉向創造市場以獲得價值

該如何提高便利性？

那麼，我們該如何使用前一節所提到的商業鏈五方法，才能提高便利性、消除不便呢？要提高便利性，「統括」、「追加」這兩個方法很有效。將數個要素統括成一個，或是將此前未有的要素追加進商業鏈中，藉此就能提供新價值與功能。

可以舉出的例子有：既能通話也能通訊、內建數位相機以及音樂播放器的智慧型手機（統括）；還有同時能進行矯正視力與防護藍光的電腦用眼鏡（追加）等。

要提高便利性，我們可以試著去問問：「有什麼東西和這個產品一起使用會很方便？」「有哪些事若能一起解決會省事省力？」「使用這個物品時有沒有想同時進行哪些事？」

只是，如前所述，若只是單純地統括數個要素、追加，是不會誕生出新市場來的。試著去詢問「新提供的價值與功能真的是顧客所希求的嗎？」「這有達到顧客需求的標準嗎？」也是很重要的。

該如何破除制約？

此外，要消除不便，「省略」、「置換」這兩種方法是很有效的。藉由省略商業鏈的一部分、置換成其他要素，就能消除掉現有的制約。

例如，在深夜也能買書以及雜誌、能輕鬆把大量書籍帶著走的電子書（省略）；能在自己喜歡的時間聽有名講師上課的錄影講義（置換）等，就是這類例子。

要消除不便，重要的是要能夠回答出「消費者是在哪裡感受到不便呢？」「該如何才能更輕鬆使用？」這類問題。該如何修正消費步驟，線索就在於是否要修正商業鏈。

話雖這麼說，這樣的分類也不過是提出假設的線索。最不可欠缺的，還是對消費過程的好奇心、不為業界常識所侷限的觀察眼光以及對異業抱有廣大興趣的洞察力。

新市場vs既有市場

創造市場型創造出的新市場有兩種情況：①取代掉既有市場；②不與既有市場搶食，發掘出全新的需求。

因著「省略」、「統括」這兩種方法所打造出的新市場，除去了商業鏈中的一部分，將數個要素統括為一，因此在很多情況下，都有著想要取代掉既存市場的破壞力。搶走店鋪型錄影帶出租店顧客的VOD服務（省略）；擁有手錶、計算機、數位相機、便攜式音樂播放器、行程記事本等功能的智慧型手機（統括）就是這類例子。對既存的競爭者來說，因為有著不僅會被搶走顧客，甚至連事業本身都會被搶走的不安，新市場就成了一大威脅。例如說，智慧型手機的使用者愈是增多，數位相機的市場就愈縮小，廠商就只能將焦點轉移到高級機型上。

另一方面，因著「置換」、「追加」這兩個方法所打造出來的新市場，會置換掉商業鏈中部分的其他要素，加入新要素，因此比起取代掉既有的市場，他們偏向於不與既存市場搶食，發掘出新需求。

東進高中藉由推出錄影上課，讓學生能在自己喜歡的時間接受有名講師的授課（置換），成功捕捉到了因社團活動等沒時間去補習班的在學生、住在地方都市不方便去都心教室的學生們的需求。此外，能同時進行矯正視力以及防護藍光的電腦用眼鏡（追加），也擴大了眼鏡的市場。

可是，如前所述，若新市場開始成為主流，就會威脅到既有的市場，在這時候，既存競爭者此前所擁有的強項，也會轉變成弱點，所以必須要注意。

例如說，大型的預備校已經在都心設置有大型的教室、有為數眾多的工作人員，所以很難著手進行錄影授課。因著VOD的出現，出租錄影店的「便利的位置」、「豐富的商品」等優勢也在逐一消逝。此外，運動攝影機的市場與以往的錄放影機市場，對產品開發的需求要素當然也不一樣。

新市場中的機制建構

若新市場很吸引人，就會有很多新競爭者加入。前面已經敘述過，在運動攝影機市場以及電腦用眼鏡市場中，就出現有許多新加入者。現在連保健食品市場的競爭也很激烈。

可是，市場創造者有時也會一直維持其競爭上的優勢。打造出超商市場的7-11、打造宅配市場的雅瑪多運輸、在電子書市場中打頭陣的亞馬遜、錄影授課的東進高中等就是這類例子。其中差異到底在哪裡呢？

那就是，新市場的創造者所提供的不僅限於單純的產品及服務，還建立起一套機制。這套機制就是讓其他家公司就算想模仿也無法輕易模仿的原因。

話雖這麼說，若有更新的市場出現並成為主流，恐怕此前的強項仍會轉變成弱點。在創造市場中，不單只是要打造出新市場來，還一併要在那市場中建構出提供價值與功能的機制，而且必須要讓該機制更為精進。

第 4 章

創造出新型的事業模式

創造商機型

改革程序型 Arranger	創造市場型 Creator
破壞秩序型 Breaker	創造商機型 Developer

打造前所未有的商機

藉由將經營者或企業在頑強意志下所創生出的新產品、服務與新的獲利機制相結合，就能創造出此前未有的全新商機——這就是「創造商機型」。創造商機型就是混和型，不僅提供新產品及服務給顧客，也帶入了新的獲利機制。

這類型一方面將顧客沒有注意到的價值具體化（創造市場型），一方面弱化既有的獲利機制（破壞秩序型），對既存企業來說，是很棘手的存在。

汽車共享所產生出的新市場

要說起此前使用車輛的方式，一般多是自有、想用的時候就用，或者是租車。相對於此，「汽車共享」的概念則是組織會員，讓許多人共享車輛。若使用半天以上，利用方式就與基本的租車不同，從十五分鐘起算，以會員制的收費模式提供使用。

近年來，人們「想開車，但不想自己有車」的這層想法似乎正逐漸增多。租車市場也因應了這樣的需求而成長著，而汽車共享市場也是，從其他業界加入的企業增多了，因而大大拓展開來。

在汽車共享中，保險費與油錢全都包含在內，利用時可以幾百塊日圓為單位。若是租車，車輛的借還得限制在店鋪的營業時間內，相對於此，汽車共享活用了無人停車場，所以可以二十四小時使用，還可以在網路上預約。此外，因為在事前先登錄會員，之後就不需要什麼麻煩的手續了。

這麼一來，去附近購物或是接送小孩時，用起車來就可以有如「私家車感覺」般。這樣的方便就誕生出「平日的近距離利用」這塊新市場。

「能更加提升駕駛的價值」

話雖這麼說，從企業方來看，消費者利用一次的消費額不高，要獲利，就得提升周轉率。因此就必須在顧客方便借用的地方配置車輛。

汽車共享的大型企業Times24活用了在全國各地無人管理的計時停車場「Times」，實現上述概念。

社長西川光一先生說，他們會加入這項事業的契機是「我們想著，是否可以以這個（計時停車場）為基礎，為更多駕駛提供使用上的價值」（日經商業二〇一七年三月二十二日號）。

在擁有的車輛數上，租車公司龍頭的豐田Rent-A-Lease於二〇一一年已擁有超過十萬台車，Times24在二〇一四年只有九四〇〇台。

相形之下遜色許多。但是，若從據點數來看，豐田Rent-A-Lease約有一二〇〇處，相對於此，Times24則有五六〇〇處，有壓倒性多數。Times24還有推出幫顧客代為保養的機制等，力求讓顧客在運用上省力化。

既存的租車公司，藉由確保擁有的車輛數以及店鋪來獲得成長。租借時間以半天為基本單位，借出的車輛不會立即歸還，所以該如何增加擁有的車輛數，防止有可能碰上的損失就是經營事業的重點。

〔圖表4-1〕物流設施建築的綁售服務

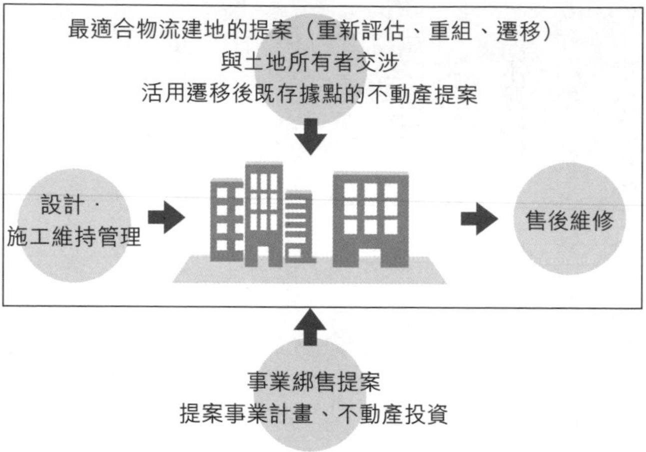

但是，在汽車共享事業中，並不需要在一個據點增加擁有的車輛數，也不需要確保擁有大面積的店舖，所以也就不需花費那麼多的固定成本。

汽車共享業打造出了一個新的機制，也就是藉由讓顧客在短時間內以低價租借車輛來提高周轉率以獲益。

提供綁售物流設施建築服務——大和HOUSE工業的「D計畫」

以下再介紹一個事例——大和HOUSE工業的「D計畫」。

所謂的D計畫這個事業是，大和

HOUSE工業參與投資顧客企業的物流設施開發，藉由提供各式各樣的建議來提升收入（圖表4-1）。

在那樣的背景下，將能擴大物流設施的市場。在繼雷曼兄弟事件以來景氣冷到谷底的建設業界，唯一有成長的建築物就是物流中心。自二〇一一年以後，開發大型物流設施的勢頭就一直持續著。

帶領這需要的就是網路通販。據說，現在流通總額已超過十一兆日圓的通販市場中，對於網路通販企業物流據點的投資希求推動了這股潮流。

此外，加速大型物流設施開發勢頭的是，因著工廠轉移國外以及關閉等所產生出的閒置未用的不動產。

自東日本大震災以來，人們對於耐震性佳的大型物流設施給出了高評價，這也成了推動這股需求的原因。

大和HOUSE工業帶入這市場的新切入點就是，提供全面性支持的服務給顧客企業。配合顧客企業的物流戰略，提出最適合做為據點的土地建議、完整精密支援設施的建設以及維持管理等。

若設施完成後於營運上需要系統公司或人才派遣公司，則會結合該領域的專門人士以及協力體制來回應顧客企業的需求。

此外，大和HOUSE工業也從事租地事業的提案。依據不同的案件，投資額會介在數十億至數百億日圓之間，大和HOUSE工業所提出的提案是保有土地或設施，將之租借給顧客。

這對顧客企業來說不僅能減少初期投資這類較大的負擔，還能在沒有固定資產的情況下活用最新的物流設施，更甚的是在營運上也能獲得支援。在將來即便發生了遷移的情況，也能夠做出順暢的應對。

像這樣「統一提供綁售服務」，讓花費在企業物流成本上的判斷為之一變。在物流設施的建築中，從取得用地到設計．建設，在各種情況下都得要專門的知識，像是成本、業者選擇、交貨期等，但若利用了綁售服務，財務部門與經營層就能進行研究討論。更甚的是，對於自家公司沒有取得不動產能力的企業來說，也能提供服務，所以就開拓了新的顧客層。

D計畫藉由將物流設施的建築變成綁售服務，打造出了新的商機。同計畫所開發出的設施，從二〇〇三年到一三年有一百棟，總計達六十萬坪以上。

租賃住宅與物流倉庫的共通點

大和HOUSE工業不僅是建設業者，還是不動產業者、金融業者、倉庫營運者，所以能提供綁售服務，建構中期性的獲利機制。能讓此化為可能，對該公司旗下的住房營造業者來說即是一強項。

例如說，在取得用地上也能活用這點。為了提出最適當的物流據點，就一定要滿足規模以及立地條件的需求。該公司活用了在住宅事業中所培育出的情報網，收集全國優良土地的情報，進行交涉。

此外，在租賃形式上的契約以及售後管理方面也活用了住房營造業者的強項。

既存的建設公司所提供的商品是「設計．供應．建設」，該如何交出低成本又高品質的「建屋」就成了關鍵。

因此，建設公司競爭優勢的本源就是設計技術、項目管理能力以及分包網絡等的知識以及專門技能。這些可以在辦公大樓、分租公寓以及大型商業設施等的建築物上有極大的發揮餘地。但是，物流設施建築所要求的不是物流倉庫這個「箱子」，而是有效率的「營運」。

大和HOUSE工業從土地情報到建設、營運都提供了全方位解決方案，所以能打造出新的商機。

價格.com所產生出的新市場

在第一章中提到的比價網「價格.com」也是創造商機型的代表例子。價格.com提供的服務是比價情報以及使用者的評鑑。像這樣的情報，此前都只能由使用者自己來調查。

此外，價格.com也帶來了新的獲利機制。

價格.com並不會從利用網站的使用者那裡收費。他們的收入來源是從零售店那裡取得廣告刊登費、消費者從該網站轉移到各自零售店網站時的手續費。還有刊載在比價清單上的手續費，也就是給予廠商商品企劃提案的諮詢費等也是他們的收入來源，建構出新的獲利機制。

「若有比其他店還貴一塊錢時，還請告知我們」。這是以前掛在家電量販店店頭的廣告標語。實際上究竟有多少顧客提出，不得而知，所依據的是在賣方與買方間情報不對等的低價訴求法。但是，在價格．com上，簡易的檢索很一般化，伴隨於此的，就是該效果變得很小。

此外，因著比價網的出現，有一類人也增多了，這些人會在零售店確認商品卻不購買，反而是利用網路通販，以比店頭更便宜的價格購入（展示廳現象）。自詡為日本銷售第一的山田電機，在二〇一三年九月中的整體結算財務報表中，淪落到出現了二十三億的赤字，應該就是受到這種現象很大的影響吧。

零售業界在價格競爭中會與競爭店家競價，在這樣的背景下，價格．com則是提供消費者比價情報以提高收益。

只要有消費者的支持，業績就能往上成長。

創造商機的起點是？

在創造商機型中，需求或是商業模式並不是那麼明顯，重點是該如何型塑商機。也有的時候是，創作者的靈感與熱情是創造新產產品與服務的原動力，而獲利機制是隨後而來的。此外，也有情況是先想到技術與機制，後來才找出了能活用這些的市場（需求）。成功的關鍵在於要能結合imagination（想像力）與Innovation（創造力）兩者。

雖然不能有計畫性的生出這種結合，但卻能從這樣的成立中看出幾個模式。在第3章我們介紹了「是需求還是種子」這個視角，我們將以此為基礎，來看一下有什麼樣新的獲利機制被帶入其中。

以App Store為種子起點的商機創造

Times24的汽車共享事業就是由「以計時停車場為基礎，是否能提供給駕駛更多的利用價值？」這種想法所誕生出來的。這可以說就是以種子為起點的創造市場。蘋果的iPhone就可以想成是與此相同的模式。

二〇〇七年史蒂芬．賈伯斯宣告說：「蘋果重新發明了電話」並推出iPhone。正如他所言，iPhone改造了電話市場。但是，在當時聽聞「我們將把音樂、通話、通訊三項機能整合為一革新的裝置」這項說明的聽眾中，究竟有多少人能夠正確地預想到了這分破壞力？智慧型手機這個機器本身並不是蘋果發明的。行動研究（Research in Motion，現黑莓公司）以及諾基亞都已經在販賣智慧型手機，但就像賈伯斯在展示會上所揶揄到的，這些是「一點都不智慧的智慧型手機」。

在這樣的情況下，蘋果發售了在操作性上有著優越介面的革新機器，一口氣擴大了此前僅限商業人士使用的智慧型手機市場。現在日本國內，十~二十歲世代的女性中約有八成都是智慧型手機的使用者（根據二〇一四年Video Research Interactive的調查）。

蘋果所帶入的還有透過終端機器來販賣各種各樣應用軟件的機制「APP Store」。在APP Store中，他們會向販賣應用軟件的開發者收取販賣手續費。這樣的想法是此前所未有的獲利機制。他們向全世界數百萬人的協力廠商公開自家公司基本軟體的「iOS」編碼，擴大了「APP販賣平台」這個新商機。

以Salesforce.com為種子起點的商機創造

Salesforce.com是以CRM Solution（客戶關係管理解決方案）為中心，提供雲端計算服務。這個應用軟件的商機也是以種子為起點的商機創造。

該公司商機最獨特的一點在於，將容易追加的擴張機能（App Exchange應用軟件）以及因應於此的開發語言（Apex編碼）公開在網站上。因此使用者以及外部供應商都可以自由訂製應用軟件。

還有，這樣訂製出來的應用軟件可以當作商品在Salesforce.com登錄、販賣。該公司所主張的「使用者的、從使用者生出、為使用者服務的商機」就是此例。

該公司會向開發訂製應用軟件的開發者收取相應的販賣費用。這和「販賣自家公司開發軟體給使用者」的既存業務用軟體套件製造是完全不同的獲利方式。Salesforce.com創造出「需經常更新的應用軟件商業」這一新商機而獲得了成長。

來自MOOCs，以需求為起點的商機創造

另一方面，「MOOCs（Massive Open Online Courses）」則是以需求為起點而誕生出的新商機。MOOCs所提供的服務是可以透過網路，免費接受知名大學的授課。

授課是以在網路上發訊為前提來進行，以十五分鐘程度長短切割影像，並留意到有人會利用智慧型手機收看。此外，登錄的時候不需要必需的資格或必要條件，任誰都可以收看。還有，不論何時，所有人都可以免費輕鬆聽聞世界上最高品質的授課，因此據說也大大拓展了受教機會。

就像這樣，MOOCs對使用者方來說淨是些好事，但擴大免費授課一事對大學方來說恐怕卻會成為威脅。以擁有醫師以及律師受試資格為前提的院系，或是提供學生們發展

人際網的商學院先暫且不說，對無法保證授課品質以及有互動性網路的教育機關來說，似乎不能說是個好現象。因為那將有可能會破壞他們自己的收益機會。

MOOCs的課題據說就是該怎麼打造獲利機制。在現今這時候，似乎是依靠著財團的捐贈以及大學間的合作在營運。獲得優秀的學生、發行修畢證書的手續費以及媒合人才給企業等，今後MOOCs該如何將其本身商業化，一切都還在發展中。

話雖這麼說，首先開發新服務，再帶進新的獲利機制這個方法，可以說就是以需求為起點的創造商機型。

來自Golf Digest On Line，以需求為起點的商機創造

我們可以舉出另一個以需求為起點的創造商機型例子，那就是營運預約高爾夫球場平台的「Golf Digest On Line」。在Golf Digest On Line中可以將此前各高爾夫球場獨自進行的預約窗口，以網路整合起來。

日本國內有打高爾夫的人數在二〇一四年時據說約有九三〇萬人，但是此前支持著那

個重心的團塊世代將於一五年全數退休，進入前期高齡者（六十五～七十四歲）之列。高爾夫市場雖誇口說在運動相關領域中有兩兆日圓的商機，具壓倒性的龐大規模，但光就從事者的人數來看，是免不了碰上市場規模縮小的狀況。可是，Golf Digest On Line卻能在這之中持續成長，一四年的會員數就有二三四萬人。

在此之前的高爾夫業界，都是從賣方視角出發的商機。若是非會員的來客，費用是莫名的高，若沒有會員介紹，就很難取得預約。可是Golf Digest On Line卻將新風潮帶入了這樣的商業習慣中。在日本國內約有二四〇〇處的高爾夫球場，而在Golf Digest On Line則能在網路上預約其中約百分之六十的高爾夫球場。

此外，Golf Digest On Line對預約的使用者還會提供各種服務。包括有販售會員權、高爾夫球裝備、服裝等，以及收購、販賣中古品。幾乎統整了此前業界內各事業者分別進行的商業活動。對幾乎所有經費都是固定費用的高爾夫球場來說，提升稼動率是為了持續商機的生命線。在顧客高齡化、接待高爾夫（以打高爾夫來接待客戶，進行商業談判等）等需求減少的情況下，若不能拉攏到散客，就無法生存下來。因此各高爾夫球場，就算得要付出不便宜的手續費，也有跟Golf Digest On Line結盟的價值。

〔圖表4-2〕創造商機型的事例

		新製品與服務新的獲利機制		
以種子為起點的創造商機	App Store	販賣APP的平台	X	APP販售手續費
	Salesforce.com	販賣APP的平台	X	APP販售手續費
以需求為起點的創造商機	MOOCs	免費線上教育	X	發行修畢證書手續費
	Golf Digest On Line	代為預約高爾夫球場	X	介紹費

話雖這麼說，預約高爾夫球場的商機也有些風險，像是因增加了散客造成預約上的困難而讓會員心生不滿，或是既有會員放棄會員權等。另一方面，打造出這項商機的石坂信也社長並不熟悉高爾夫球業界常識，是其他業界出身的。石坂先生如此述說他創業的經緯。

「我在貿易公司工作的時候，對於結算高爾夫球賽的款項感到很憂鬱。要不要符合參賽者的希望？費用要多少？我都得打電話到各高爾夫球場才能做出比較。可是，我去美國留學看到高爾夫球場的投稿網站時，驚訝的發現竟然有這麼方便的東西。使用者的消息很正確，立刻就能幫上忙。」Golf Digest On Line可以說是以使用者的需求為起點而誕生出的商機。

圖表（4-2）整合了至此之前我們所介紹過的事例。

創新商機的四個要素

有計時停車場才能開始事業

Times24之所以能成立汽車共享事業，是因為該公司活用了在日本全國各地已有的計時停車場。

此外，大和House工業能推展物流綁售商機的「D計畫」也是因為能活用該公司作為房屋營造業者所有的網絡。

要創造新商機，新產品、新製品以及新的獲利機制都是必要的，但我們可以將視野擴大些，看一下創造新商機者的另一面，亦即他們有著什麼樣的經營資源？

是以哪些客層為目標？

〔圖表4-3〕構成提供價值的四個要素

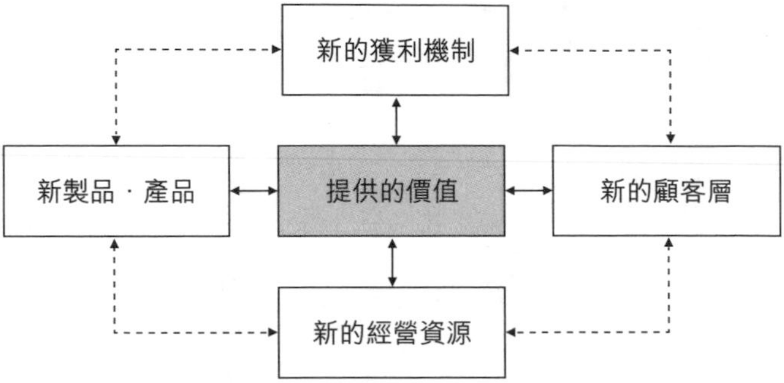

結合這四種要素，就有提供給顧客的價值（圖表4-3）。

如自用車般，鄰近地區也能輕鬆便利使用

以下，將針對Times24以及大和House工業的事例來看一下其各自的四個要素。首先是Times24的汽車共享服務（圖表4-4）。

經營資源　Times24本來是停車場的機器製造商。他們活用了在此所培養出的知識以及專業技能，開始由自家公司經營起停車場。那就是在全國各地約一萬五千處（二〇一四年十月）所展開的計時停車場「Times」。他們還在二〇〇九年

〔圖表4-4〕構成物流綁售事業的四個要素

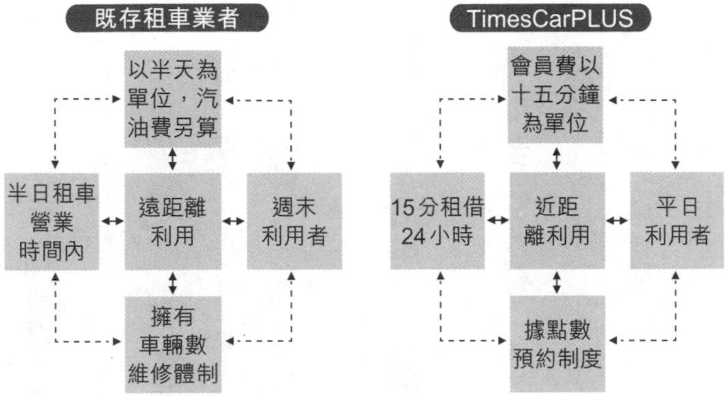

的時候併購了時代租車。該公司展開汽車共享服務「TimesCarPLUS」的基礎已如前述。

產品．服務　在這之中，Times24特別備齊有停車場機器、停車場、車輛這三種經營資源，所以才可以提出「在無人停車場租車」這樣的新服務。會員可事先於網路或電話預約，在預約時間前往停車場，以會員證（非接觸式的IC卡）解開門鎖，將之插入設置在車內的裝置，就可以進行使用者認證，利用車輛。

顧客層　藉由提供像這樣全新且輕鬆的顧客體驗，汽車共享成功的擄獲（生出）了不同的使用者，這些人的利用方式不同於商業人士出差或是週末遠行等這類既有的租車利用者。

獲利機制　使用費用也是「會員費＋十五

分鐘兩百日圓」非常清楚好懂又簡單。收入規模雖比不上租車，但構造卻與租車業不同。

提供價值 汽車共享打造出了一種新的利用形式，亦即讓消費者放棄擁有汽車，取而代之，只要付出「計時租金」的費用就能使用汽車。

所提供出的價值——「像是使用自家車般的感覺，可以輕鬆、就近使用」——不只包含了「新產品・服務」以及「新的獲利機制」，還強力結合了Times24所保有的經營資源（停車場）以及新顧客群（共享會員）。

TOTAL SOLUTION活用了累積多時的專業技術

接著是大和House工業的「D計畫」（圖表4-5）。

產品・服務 若自家公司有物流倉庫，包括選定、取得用地，設計、建築建物等都會發生龐大的費用。對於無法負擔這些費用的中小企業的需求，又或者是不想負擔過多固定資產卻想進行物流業務的企業來說，大和House工業提供的服務——由大和House工業保有土地或設施來租借給顧客的形式——可以說是非常方便好用的。

〔圖表4-5〕構成物流綁售事業的四個要素

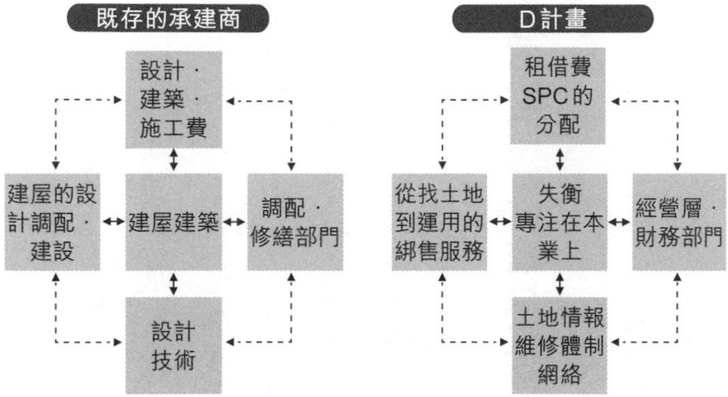

顧客層　在這事業的方案中，對沒什麼投資餘力的企業者來說，也能擴展顧客企業的範圍。而且沒有建築相關專門知識或經驗的財務部門以及經營層，也能進行投資判斷。

獲利機制　獲利機制與現有方式——以設計、建築、施工相關經費來請款——不同。建物的租借費用、倉庫的營運費以及特殊目的公司（SPC）的分配等，不會受到景氣起伏的影響而有大變動，能橫跨長時間來計算收益。二〇一四年十一月，大和House工業發表與經營平價服飾店「優衣庫」的迅銷公司一同設立新的物流公司（日本經濟新聞，二〇一四年十一月五日）。新設了物流設施，對使用網路通販的人來說，就會把目標瞄準在當日送達上。

經營資源　關於將服務綁售化不僅是建設業者，作為不動產業者、金融業者、倉庫營運者來說，也會成為必要的資源以及專業技術，但這些行業不論是哪一種，該公司都囊括在旗下。此前，該公司認為單只是建房是無法與人競爭的，所以會幫忙尋找土地、為承接來自擁有公寓等不動產顧客的要求，給出「整合租借」的建議，此外也擁有SPC的專業技術。可以說在其根底累積有各種專業技術能對應新顧客的需求。

提供價值　顧客所需求的並非只是物流中心這個「箱子」，而是從這箱子中所獲得的服務。所以業者會想要盡可能減輕物流業務，專心在本業上。大和House工業藉由從土地情報到建設、營運的全方面解決方案來回應顧客企業的需求。

資源與活動同步就難以被模仿

在創造商機中，有以種子為起點或需求為起點，又或者是說兩者都有。也就是說，重要的是要連結組合起各自的要素，創生出嶄新的價值。

在Times24的汽車共享事業中，活用了「線上網路化的小型停車場」這項資源，實現了「十五分鐘兩百日圓」這個繳費規則。大和House工業的D計畫將「用租賃住宅培養出的能力」作為資源活用，在「租賃」這項新的物流倉庫事業中實現了獲利機制。創造商機型所打造出的活動機制，就是將既存競爭者所沒有的「競爭資源」直接與「獲利機制」相連結。

但是，問題不在這兩者，而是在於該如何將資源與活動做有力的連結。因著將各要素於同時期做有力的連接，就能產生出讓他者難以模仿的持續性競爭優勢（參照根來龍之的《事業創作のロジック》，創造事業的邏輯）。

如果既存的租車公司或是綜合建設公司想要打造出像Times24或是大和House工業那樣的商機，就必需要重置此前的作法與機制，從零開始打造起。這會主動破壞掉長年累積起來有形與無形的經營資源，所以應該所有公司都會有所抵抗。但是，正因為這樣，這才成了既存競爭者反擊慢一步的原因。

先驅競爭者就能在這之間，早一步確立競爭優勢。就算之後有人想要建立起相同的商業模式，要趕上先驅競爭者都是非常困難的。

打開潘朵拉的盒子

話雖這麼說，新的競爭方式在今後並不一定會永久持續下去。因為由自己所引進的新型競爭規則，也有會招來新遊戲規則顛覆者加入的危險性。

例如說在汽車共享市場中，經營資源「貼近生活周遭的據點數」是競爭優勢的基礎。若是如此，就算不是停車場，當已經有很多據點的企業也正式加入汽車共享事業，該怎麼辦呢？

其實，已經有便利超商開始加了相同的事業中。汽車共享使用者「順便購物」的心態，也對店鋪的營業額有貢獻。

現在，他們雖是與既存的汽車共享事業者互相合作，但超商有其獨力經營的會員卡系統，今後似乎會擴大其使用者登錄一體化，或是有可能採行會員可憑集點卡免費租借車輛的機制。

此外，因著ＥＶ的普及，若是考量到可以在超商中設置充電站，超商更是會認真、努力地經營汽車共享事業，將來將有可能會成為競爭對手。

這就和物流綁售服務相同。

例如說，有專門業者已經擁有了許多龐大的物流中心，若該業者開始以便宜的價格出租自家物流中心的事業，情況會變得如何？

其實，亞馬遜已經開始提供物流服務給在該公司開店設櫃的顧客企業。該公司所代行的服務有保管商品、訂單處理、出貨、配送、退貨相關的顧客支援。這項服務將有很大的可能性可以拓展到沒在自家網站上開店的企業。

就像這樣，經爭規則是不會停止改變的。就算本是從其他業界新加入的競爭者，在自己剛成為既存競爭者的時候，接下來自己就會碰上那樣的危險。在創造新商機之後，得要先一步更新讓他人難以模仿的機制才行。

第 5 章

修正價值鏈

改革程序型

改革程序型 Arranger	創造市場型 Creator
破壞秩序型 Breaker	創造商機型 Developer

打破業界常識，就能改變競爭規則

藉由改革程序打造出新價值

到目前為止的章節中，我們看過了三種競爭方式，亦即弱化既存獲利機制的「破壞秩序型」、具體化連顧客都不知道的需求的「創造市場型」，以及打造出全新商機的「創造商機型」。這些競爭方式的共通點就是，藉由引進新的獲利機制、新產品以及新服務來改變競爭規則。

可是，要改變競爭規則，並不一定要改變獲利機制或是產品、服務。也有的例子是藉由著眼並改善既存的商業程序，來創造出競爭優勢。在這樣的例子中，藉由改變將產品或服務送達給顧客的「程序」，就能產生出新價值，並改變此前的競爭規則。

那麼，改變程序產生新價值，究竟是什麼狀況呢？

我們可以藉由近年來在外食界引起革命的「我的義大利菜」、「我的法國菜」的例子來看一下這件事。

以「我的義大利菜」、「我的法國菜」為代表的「我的系列」，是由「我的股份有限公司」所統率的餐廳。於二〇一一年九月在東京新橋站附近開設了第一間店「我的義大利菜」以來，僅三年多一點，就以銀座．新橋為中心，合計開設了二十七間店鋪（截至二〇一四年六月為止）。

因為同樣是餐廳，在獲利機制以及產品、服務上也不會有改變。可是，卻和此前的法國料理店或是義大利料理店所給人的印象有很大的不同。我們來舉出幾個特徵看一下。

「我的系列」誕生出來的價值

吃法國料理的時候，會在寬廣的空間中擺放桌子，坐在位子上花上長時間用餐。一般大家不都是抱持著這樣的印象嗎？可是在「我的法國菜」店內，大多都是「站著喝」形式，也就是所謂的立席。桌子很小，桌子與桌子間的距離也很狹窄，是稍微移動一下就會碰到其他客人的距離。

掛著廚師們的大照片以及餐廳入口也都很令人印象深刻。在開店時間的十六時（平日），就已經有許多人在排隊，這樣的隊伍從未中斷過。和一般的高級餐廳不同，預約席只有少數幾個座位，基本來說，只有當天來店裡排隊才吃得到。

菜單一言以蔽之就是「豪華」。

不惜使用松露、鵝肝，以及螯龍蝦等高級食材。例如在「瓶裝魚子醬」這道料理，誠如其名，魚子醬是整瓶放在盤子上端來。儘管如此，價格也多是一道義大利菜一千日圓以下，法國菜也只要一千日圓上下。若是知名的老店餐廳，價格會是這邊的三～五倍吧。紅酒也很平價，只要付九九九日圓，就可以喝得到。

「我的系列」現在不只是義大利料理以及法國料理，還以各式各樣的行業型態開店，像是烤雞、割烹（譯註：割烹指高級日式料理餐廳，提供的是當季食材，大多是吧檯坐席和桌席，可以邊看師傅做菜邊用餐）、中華料理等，在僅二十坪的店內，就能達成每月一九〇〇萬日圓的營業總額。

為什麼「我的系列」這麼受歡迎呢？我們可以舉出以下三個原因。

① 一流廚師

② 使用一流（高級）食材來提供料理，同時

③ 壓低價格

若有餐廳滿足了①的條件，應該其中也有很多餐廳都有獲得米其林星星。

但是在「我的系列」，既滿足了①、②還加上③，就提供給了顧客此前餐廳所未有的新價值。

提升翻桌率，提供高成本產品

一流廚師提供的高級料理與低價——「我的系列」將應該相反的兩者同時提供給消費者。這究竟是怎麼做到的？

其中關鍵就是翻桌率。一般來說，食材的成本率占三〇％就已經是極限了，與此相對，「我的系列」的食材成本率幾乎占了六〇％。要能提供這樣的高原價，就得提昇來客數，亦即翻桌率，以增加營收。一般法國料理的翻桌數一天平均是一次，而「我的系列」則是一天三．五次。

支撐著這樣高翻桌率的，就是我們開頭所提到的「立飲」形式。藉由採用站著喝的形式，店內能夠容納的人數就會增加到一般餐廳的三～四倍，也能縮短客人待在店裡的時間。

若是坐席，就經常會發生浪費空間的情況，像是四人座卻僅坐了二～三名顧客，但站著喝形式因為本來就沒有坐椅，就不會發生這樣的浪費。

還有因為「無法預約」，就不會有空出來的時間，就能不斷讓客人進來店裡。平日的營業時間是從十六點開始，比其他店家設定的營業時間還早，也可以說是為了讓更多客人來店所下的功夫。

另外還有幾項好處是：若採用站著喝形式，就不需要那麼大的店面而能壓低店租；不要求提供像高級餐廳那樣的服務就能壓低人事費；藉由統括採購大量的高級食材以壓低

〔圖表5-1〕與既存高級餐廳的比較

	既存的高級餐廳	我的系列	
立地食材 廚師	銀座、惠比壽、 青山、六本木 等 高級 一流	銀座、惠比壽、 青山等 高級 一流	提供物相同
座位預約營業 時間服務	坐席 原則上需要 18~21時的LO 完整服務	立席 原則上不可 16~22時45分LO、 沒有午餐 居酒屋等級	提供「方法」 不同

採購成本。

圖表（5-1）便彙整了既存高級餐廳與「我的系列」之不同處。從中可以看出，即便給顧客的「提供品」是相同的，但「提供方法」卻不一樣。

優勢分店建立起的好循環

在「我的系列」中還有其他特色像是，曾在米其林指南中介紹到的知名店家工作過、累積過各種經驗的廚師們各自提供其拿手料理等。因此不同店家會提供不同的菜色，在顧客間就會出現一種循環：「下次來去那間店吃吃看吧」。

我的股份有限公司社長坂本孝曾說過，在同一地區開展許多店鋪，和廚師同志們一起切磋琢磨是非常有助益的。

不同店家提供不同菜色就不會互搶顧客，反而會形成用料理品質來競爭的健全競爭。此外，藉由在徒步十分鐘以內的單一區域，而且還是銀座這種高級、上好地段開設多間店面（支配性策略），就能獲得極大的廣告效果。藉由在同一地域開設多間店鋪，似乎也能被介紹到較好的房產物件。

改革程序，打破業界常識

我們來整理一下至此之前說過的內容吧。

前提是，我們得要留意「提供給顧客的東西一點都沒變」。「提供美味料理」這點對餐廳而言最重要的價值與機能一點都沒變，反而還藉由大量使用高級食材以及由一流廚師烹調這樣的形式提高價值。

為了要實現這點，就要大幅改變提供產品以及服務的方法（程序）。在「我的系列」中，該企業著眼於增加來客數，為提升翻桌率而想到了站著喝形式等機制。

換句話說，也就是「在高級餐廳，提高翻桌率」這種非常識的機制。就像這樣，藉由打破業界認為非常理所當然的常識，就能成功產生出新價值來。

將這件事統整一下，就如下所示：

①　應該提供給顧客的東西（價值或功能）不變（甚至有些還反而強化了）

②　要實現①就要改變提供商品以及服務的方法（程序）

　這也算是打破了業界的常識

③　藉由改變方法（程序），產生出新價值

這就是改革程序型的競爭方式。「我的系列」既在料理這個最重要的部分不輸給對手，也打破業界常識實現成本優勢，因而建立起壓倒性競爭優勢的地位。

該如何才能改變程序？——四種對戰方式

再評價「價值鏈」而非「商業鏈」

那麼，到底什麼是改變流程呢？

就是重新評估構成「Value Chain（價值鏈）」的各個流程。所謂的Value Chain就是完整分解一個企業的活動以及產生附加價值的流程。

以餐廳為例，首先會進行「開發」菜色。

實際生產時，則會進行「備料（採購）」、「製造（調理）」食材，之後再「販賣（提供）」產品。

〔圖表5-2〕每個流程下了什麼樣的功夫？

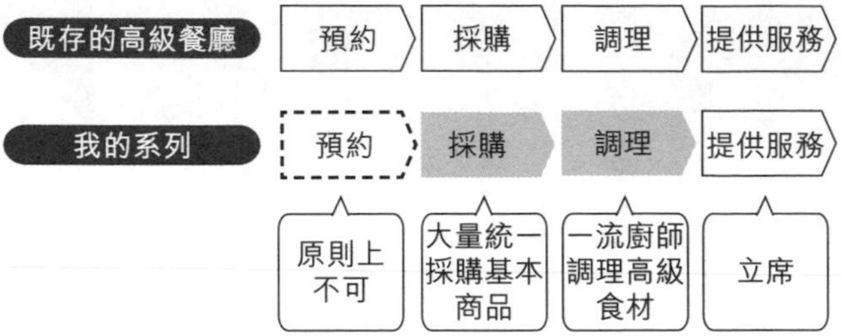

圖表（5-2）是比較了前一節提到的「我的系列」以及「一般餐廳」各自的價值鏈。藉由各個的流程，就能整理出「我的系列」下了哪些功夫。

在前章之前所看到的三個競爭方式──破壞秩序型、創造市場型以及創造商機型中，藉由改組將價值鏈擴展到業界全體的「商業鏈」（Business chain），就能建構起新的競爭法，改變競爭規則。但是在不改變獲利機制以及產品・服務的改革程序型中，則是藉由著眼、重新評估構成價值鏈的各個流程，提出新的競爭方式。

那麼，我們可以怎麼來重新評估價值鏈呢？在藉由改革程序而獲得成功的例子中，有幾個模式。在此，我們來介紹一下其中如下四個非常有特色的方式。

① 停止

② 加強
③ 混同
④ 單純化

以下我們將一邊舉出各種改革程序型的例子，一邊來看一下其各自的戰鬥方式。

停止——利用減法發想實現低價

「停止」這個方法是重新修正業界習慣的服務或是流程，藉由果斷停止其中一部分產生出新的價值。其特徵是「減法」發想，也就是藉由除去多餘的部分，強化真正必要的部分，重新建構價值鏈。

打出安全、清潔、好眠在全日本推出商務旅館的SUPER HOTEL就符合這個例子。據說業界的客房稼働率平均為六〇％，而SUPER HOTEL則有九〇％的客房稼働率，顧客的回頭率為七〇％。SUPER HOTEL於二〇一四年度顧客滿意度調查中，獲得了商務旅館部門的第一名（服務產業生產性協議會調查）。

其特徵是提供了助眠相關物品、附早餐、有天然溫泉等服務，而且還壓低了住房費用（一晚四九八〇日圓～）。那麼，SUPER HOTEL是如何實現這樣的低價供應呢？

其內情就是「減法」發想。SUPER HOTEL的Check in是自助式的。顧客到旅館後，只要使用放置在大廳的自動Check in機完成Check in，就會拿到房號以及密碼，將密碼輸入客房門上的數字鍵就能解鎖，這就是程序。因為沒有房間鑰匙，櫃臺就不需要接待住宿者以及交付鑰匙。藉由將Check in改成自助式，結構就會變成從業員可以不需介入與Check in相關的一連串服務中。

此外，一般的住宿費用都是在退房時做計算，但SUPER HOTEL的機制卻是在Check in時全額繳付。因為顧客已經付費完畢，退房時就不需要再去一趟櫃臺。

除去退房的「減法」發想

SUPER HOTEL客房中也有特殊之處。首先，房間內沒有電話，因此也就不需要計算

〔圖表5-3〕除去退房業務

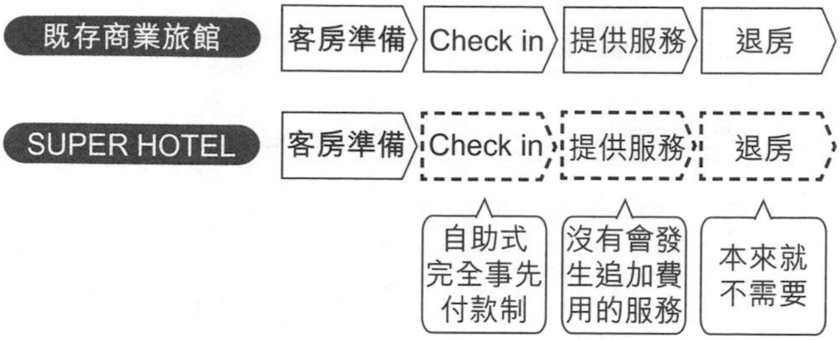

費用的手續、電話機或是繳費裝置等設備。此外，房間內雖有冰箱，但裡頭是空的。因此也不會發生追加費用跟精算的手續。

這些共通點就是俐落地除去了在Check in之後會發生追加費用的要素。藉由在事前全額繳付住房費用、避免在住房時發生追加費用，也就不需要退房業務了。

沒有了退房業務，就能實現低成本的經營。在旅館櫃臺業務中，據說最需要人手的時候就是早上退房時，在一般的旅館，櫃臺業務會成為延遲處理事務速度的主因（圖表5-3）。還有其他例子也像這樣，藉由廢除不需要的流程，強化必要流程而獲得了成功。

例如一千日圓剪髮的先驅QB HOUSE也是這樣。此前的理髮院一般都是提供成套的洗髮、按摩、剪髮、剃鬍子等一連串的服務。但是，並不是所有顧客都需要這樣完

〔圖表5-4〕強化兒童專門的服務

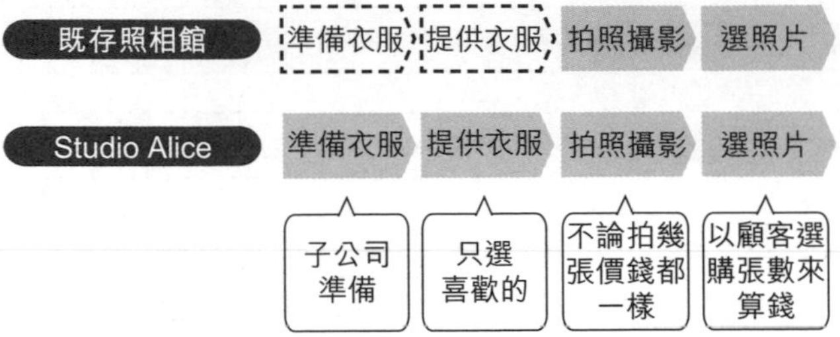

整的服務。QB HOUSE只強化了剪髮，「取消」了其他服務，因而能實現低價格。

利用減法發想的遊戲規則顛覆者對既存競爭者來說非常棘手。強化其中一個流程，不只否定了此前構築起來的經營資源，也可能會與其他既存顧客的需求相反。此外，強化某流程的組織能力建構，也不是那麼容易模仿的。

加強——強化部分程序並做出差異

「強化」這個方法與「停止」相反，是藉由強化程序的一部分，打造出新的顧客價值。做為兒童專門照相館而在全國展店的Studio Alice就是一例。Studio Alice和街上一般的照相館不同，提供「兒童專門」這個非常特別的服務（圖表5-4）。

在Studio Alice中以洋裝以及和服為首，準備有角色人物或是藝人造型的服裝約五〇〇件可以免費出借。顧客可以不限件數穿著各式服裝拍照。照相館準備有可以完全變身角色人物來拍照的設備以及小物品，在以往照相館中，由顧客自費準備的服裝、化妝以及頭髮造型，在這裡也是免費的。

此外，讓孩子擺姿勢、展露笑容，一般都是父母親要負責的事。但是在Studio Alice則由受過訓練的公司員工來輔助。員工不是專業的攝影師，為了讓顧客從拍好的大量照片中選出中意的照片列印出來，所以拍攝張數是沒有限制的。

不論借了幾套衣服、拍了哪些型式的照片，基本費用都是三千日圓。印出來的照片也是二五．四×二〇．三公分的尺寸，費用則是四九〇〇日圓的便宜價，是非常清楚的價格體系（截至二〇一四年十二月止）。

要展開只以「兒童專門」的特殊服務，就得要有專為此的設置、配備。該公司為了備有豐富的衣著，有著統括進行從服裝設計開發到生產、供給的子公司。此外，為了讓本是外行人的公司員工會攝影、幫忙穿衣、化妝、讓孩子開心擺姿勢等，也有培訓設施與制度。

不拘泥於常識的發想能產生出新的價值

還有其他例子是藉由加強與業界常識相反的既存部分程序而獲得成功的。Suruga銀行以靜岡縣為中心來展店，專門化了個人式服務，他們以飯店「禮賓部」為模型，把重點放在個人金融服務．企業上而獲得了成功。

具體來說，就是針對此前未能獲得銀行提供貸款的運動選手、職業婦女、外資企業員工、外國人等做信用風險分析．管理，並且以比一般銀行要高的利率提供貸款。對於從其他銀行借不到錢的個人來說，因為可以用與他行不同的基準借到錢，就能強化利基的個人式商品開發以及營業流程。

對既存競爭者來說，要對抗這類強化了與業界常識不同流程的競爭者很困難。在很多情況下，改變不只不符既存顧客所需，經常資源也無法應對。此外，在強化流程中需要有特別的結構，腳步要能趕上也不是件容易的事。

混同——組合不同商品，錯開競爭主軸

「混同」法是藉由混合異業種或異業態的產品或服務來提高賣場等的吸引力，刺激顧客的購買欲。雖是組合了既有的產品與服務，但因著提供方法的著力點不同，就能產生出新價值。

以「遊戲書屋」為主旨概念於全國展店的Village Vanguard就符合這個例子。Village Vanguard雖是書店，但和在街上看到的一般書店形象大不同。

在一般書店中會將新書或是暢銷書放在店頭，相對的，Village Vanguard卻將書籍以外的CD或是雜貨等放置在狹窄之處。乍看之下很像雜貨店，但藉由組合不同利益率的商品來販賣，就能獲取高毛利。

當然，在一般書店中，賣書籍以外商品的複合式商店並不少見。但是，在Village Vanguard，是以汽車、機車、戶外運動、音樂等特定類型的出版書籍以及雜誌為主，放置相關的雜貨與CD等，以極高規格的方式融合了書籍以及其外的商品。

例如，擺放在以國外旅行為主題的賣場中的不只有旅行雜誌以及相關書籍，還有國外

〔圖表5-5〕組合不同商品

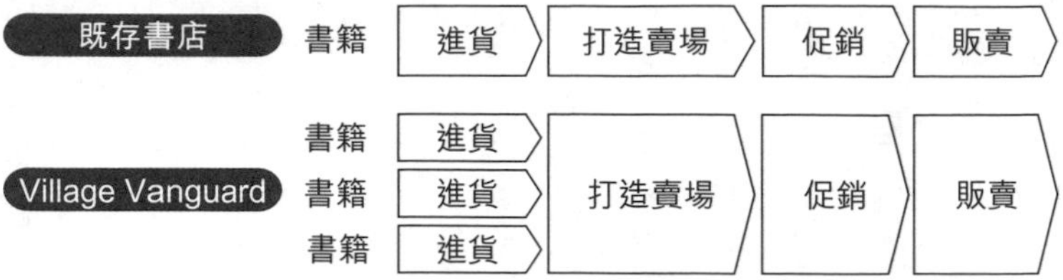

的零食、可以邊看國外風景邊聽的CD，甚至連為了去國外旅行而必需存錢用的存錢筒都一起擺放販賣。Village Vanguard以國外旅行這個關鍵字為起點，用像是「聯想遊戲」這樣的發想打造賣場。

此外，Village Vanguard也投注心力在會讓顧客不禁停下腳步看一眼的手寫POP上，讓賣場中充滿了會誘惑人衝動購物的吸引力。

既存書店的店鋪位置與規模是造成差異化的主要原因，對此，Village Vanguard則是以讓人感到興奮悸動的感覺、與不同於既存書店的價值來應戰。

該書店的生命線就是，要一直成為超越顧客期待值的存在，以及思考該如何持續下去（圖表5-5）。

奠立與競爭者不同的主軸

其他像是以日本北陸地方為中心展店的藥房「青木藥局」，也是藉由組合其他不同商品而成功地招攬了顧客。

該店除販賣醫藥品還加上了生鮮食品，因而讓銷售額急速上揚。藉由低價提供食品吸引顧客，讓顧客同時買入利益率高的醫藥品來確保收益。

Village Vanguard與青木藥局的共通點是，將違反業界常識的商品引入賣場，建立起與競爭者不同的競爭主軸。

Village Vanguard是靠著賣場的有趣、好玩性來一決勝負，而非店鋪的位置與規模。青木藥局則既是藥局，又以販賣非醫藥品來提高顧客數與來店頻率。

要販賣不同的商品，就得打造適當的進貨處與賣場，這不是一朝一夕能成的。因為競爭軸轉移了，對既存的競爭者來說，就可以說是個難以從正面反擊的對手。

〔圖表5-6〕流程標準化

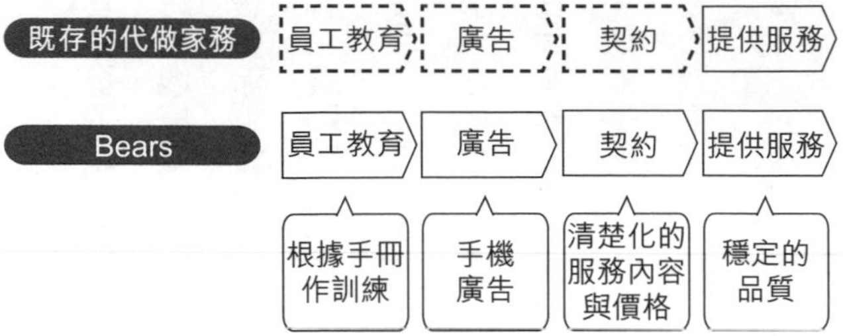

單純化——標準化程序，擴大事業規模

「單純化」的方法，是將專門性的小規模工作標準化，並擴大事業規模的競爭方式。藉由將程序標準化，產生出新價值來。

讓職業婦女能安心託付家事服務的Bears就是一例。該公司不僅限於幫忙家務，也針對商業人士用戶提供居家清潔、托嬰、孩童照護、高齡者照護等支援。該公司提高提供的服務品質，同時價格體系也明瞭化，提供了既存家事服務所未能實現的價值。

該公司為了要管理服務品質，設定有詳細的基準（圖表5-6）。除了規定有打掃的技術與與速度，到訪時的對話、穿圍裙的時機等細微的待客作法，也都一律標準化。該公司尤其重視與顧客間的溝通。不論服務的品質有多高，若是與顧客的對話顯得很笨拙、生硬，也無法提高顧客滿足度。

該公司針對從拜訪開始到結束該採取什麼樣的態度有多重要，進行了縝密的設計。內部的審查員會臨時同行，不會事前告知，藉由這種形式來進行檢查。若該位工作人員沒有符合基準就要接受培訓。

現有的代做家務服務多屬於個人契約，服務品質則是依靠負責者的本事。因此，若沒有實際接受過服務不會知道，對顧客來說經常會有這層風險在。但是，Bears則清楚、易懂地標示出了套裝化服務的內容與價格。

此外，為了要回應顧客的要求，該公司還齊備有二十～七十幾歲，年齡層幅度廣泛的專任員工。在既存的代做家務服務中，利用者本身都得去找尋符合自己需求的人選。

要確保擁有廣泛技巧的人才，就得要有長期性的教育或是雇用關係，Bears重視員工的滿意度，對員工懷抱的不滿或難題會進行徹底的應對。藉由保持員工的高滿意度，員工殷勤度當然會提升，也能減少員工離職的風險。

將分散型事業轉成規模型事業

例如經手販賣舊書的Bookoff也是同樣的事例。

既存的舊書店是由店家買進舊書並設定價格，店家鑑別度有多好會大大左右經營。但是，在Bookoff，會依不同種類的書籍而有些許差異，但基本上是從舊書外觀是否乾淨整潔來做判斷。狀態良好的書，原則上會以定價的一〇％收購。販賣價格則是加上了舊書的清理，加上定價的五折。

從收購後過了一定時間，或是庫存增加了，就用一百日圓出售。

像這樣，Bookoff將業務簡單化、標準化，藉由依據說明書來營運而讓店鋪連鎖店化。本來就是小規模兼以個人技術來競爭的既存競爭者，要反擊販賣標準化服務、擴大規模的競爭者很困難。若沒有將服務標準化、擴大規模，不特定多數的顧客就無法感受到這項服務所帶來的安心感與信賴感。

該聚焦於何處？

要改變程序該做些什麼？

（圖表5-7）是將至此之前提到過的事例，完整地用「停止」、「強化」、「混同」、「單純化」四個程序整理出來。

那麼，要用這樣的方式來重新評估價值鏈並獲得新的競爭方式，又該站在什麼樣的視角上呢？為此，我們統整出些重點。

〔圖表5-7〕引導改革程序成功的四個方法

方法	特徵	事例
停止	停止業界的標準程序	Super Hotel、QB House、LifeNet生命、可爾絲、SEVEN CAFÉ、LCC
強化	強化既存流程的一部分	Studio Alice、Suruga銀行、青山花市
混同	組合不同商品	Village Vanguard、青山藥局、唐吉訶德
單純化	業務單純化	Bears、Bookoff、Gulliver、公文

① 以顧客的視角來發想
② 使用合併技術
③ 改變負責提供服務的人
④ 調整商業型態

以顧客的角度來發想

所謂的以顧客的視角來發想，就是用顧客的眼光來重新修正既有的程序。

如前所述，改革程序並不是要提出革新的商品、服務或是嶄新的獲利機制。反而是要藉由修正現有的程序以產生出新價值來。

為此，「現有的程序是否能滿足顧客」、「是否以供給者的邏輯或方便為優先」這樣的視角是很重要的。在這之中，有些情況是從前有效的程序，因著外部環境的變化而導致了功能不全。

此外，餐廳、旅館、書店、代做家務等，就算是這些絕非嶄新種類的商業，其中也有很多例子是藉由改革程序而獲得了成功。其中的共通點是該如何再建構現有程序以配合顧客需要。

例如Super Hotel為了實現低成本作戰，徹底削減浪費，另一方面，為了顧客「好眠」而準備許多小物品。大床、特選枕頭、做到徹底的隔音設備，甚至建立「熟睡研究所」，進行熟睡研究。

其基礎就是「顧客的視角」。商務人士住在旅館的時間中，床是他們度過最多時間的地方。該旅館著眼於睡覺時間是壓倒性長的這點上，徹底提升了顧客在睡眠相關上的滿意度。就像這樣，以顧客的視角來修正既有的流程，就是改革程序的重點。若是被視為理所當然的既有流程中有沒效率或浪費的點，那部分就能成為商機。顧客視角的發想原點就是「要是有這個就好了」。

使用合併技術

前面一節已經介紹到了「取消」、「強化」、「混同」、「單純化」四個改革程序的方式，但不是只有個別使用這些方式有效，使用數個「合併技術」也很有效。我們要組合四個方式中幾個必要的來打造商機。

例如在「我的系列」中，除了推出一流的料理（強化），也採用了立食的形式而非完整的服務（取消）。這就是結合了「強化」與「取消」兩種方式。

Super Hotel也是。取消了櫃檯的業務，改採自助式服務（取消），同時強化了讓使用者能舒適入睡的服務（強化）。

Village Vanguard不依靠販賣新書以及暢銷書獲利（取消），而是企圖充實化書籍以外的商品（強化）。

改變負責提供服務的人

要改革程序，改變負責服務的人也很重要。這樣的思考方式是，例如敢於將需要配置專門性專家的位置改配置為外行人，或是藉由配置超一流的人才來重建價值鏈全體。

例如在既存的照相館中，一般而言會配置有專業的攝影師，可是在Studio Alice中則是讓一般員工擔任攝影師的腳色。相反地，「我的系列」中則是藉由配置一流廚師而獲得了成功。

就像這樣，藉由改變負責提供服務的人，就能修正價值鏈全體。若能藉由改變負責提供服務的人以消解既存商業的瓶頸，就能產生出新價值來。

調整商業型態

要改革程序，調整商業的「型態」也很重要。這樣的觀點就是希望新建立起來的程序在價值鏈整體中能很有生命力地發揮功用以改變全體。

例如Village Vanguard最大的特徵就是布置賣場，而這要靠現場工作人員的能力。為此，在Village Vanguard中，在教授維持、提升布置賣場能力以及培育人才上就占去了很多的時間。

此外，要打造出有吸引力的賣場，包括進貨的權限都要委託給現場（各店鋪），藉由現場的發想就能機動地將環境調整成可變動式的。以融合書籍與相關產品為主軸的具吸引力賣場，藉由整合了給予店鋪權限以及培育人才而發揮出功用。

Studio Alice擁有統括了從開發設計服裝到生產、供給的子公司，以及讓員工進修的設備也是基於同樣的理由。

就像這樣，我們不要只單獨抓住一個方式，對改革程序來說，配合支撐價值鏈全體的機制來改變商業型態，也是不可或缺的重點。

第6章

該如何對抗既有的競爭者

為什麼無法做好防禦

無法捉住顧客需求的改變

出現遊戲規則顛覆者時，為何有許多既存企業無法採取有效的方式應對而是緩緩後退呢？當然其中我們可以想到有各種的原因，但在此，我們舉出了兩個原因。

① 無法抓住顧客需求的變化

② 無法好好應對威脅到自家公司獲利機制的存在

前者的代表例子，可以舉出我們在第 3 章提到過的預備校事例。

代代木研究中心（以下簡稱代研）是採取既存商業型態的其中一間預備校，它本來是以重考生為主要目標客層，於全日本開設有大規模的教室。

可是因為少子化以及社會情勢的演變，重考生急遽減少，許多學生都是應屆考大學，想要邊過著學校生活邊為了考大學而去上預備校，代研因而無法配合到在學生的需求，結果學生數大幅減少。

到了二〇一四年，便發表聲明，將於二〇一五年關閉二十七間校舍中的十九間以進行結構重組。

另一方面，以東大為首的國立大學以及私立難考學校考生為主要目標的駿台預備校以及河合塾，雖說學生數有減少，但因有確保了既存的需要而能繼續存活。想把所有重考生都一把撈、屬於團塊型的代研，可說在一開始就掉出了競爭。

其他還可以舉出近年來銷售額大為低落的超市（正式名稱為GMS）為例。例如說伊藤洋華堂、永旺集團（原佳世客）、西友以及大榮等。GMS利潤低落的最大原因是服裝的銷售不佳，我們可以提出其中原因是其無法好好應對優衣庫、思夢樂又或者是

BEAMS、United Arrows等專門店的崛起。

顧客的需求很兩極化，要更便宜與好用的物品，又要充滿個性、專屬於自己的商品，對此，像是店鋪政策、備貨品項，以及價格帶的設定等，都會變得很模稜兩可。

無法應對好威脅自家公司的對手

後者的代表例子則可舉出讓手遊抬頭的任天堂。任天堂也知道此後將會是手遊的時代，即便他們想要製作手遊，也有充分的資金、能力以及時間。儘管如此，任天堂之所以沒有採取相應的對策，就是因為無法找出能與手遊商業型態——免費提供遊戲，利用道具費以及廣告來賺錢——相對抗的方式。

其他還可以舉出像是NTT DOCOMO在引進iPhone上落後的例子。DOCOMO和軟銀一樣，據說在很早期就有在研討關於iPhone的引進。

可是他們的引進之所以晚了，是因為iPhone的商業模式與DOCOMO的商業模式無法相容。

〔圖表6-1〕既存企業的防衛戰略

	既存的產品與服務	新的產品與服務
既有的獲利模式	**改革程序型** 以顧客的觀點來修正腳步 • 野村證券的網路交易 • 小松製造所的KOMTRAX*	**創造市場型** 增加新產品以及服務或是移動市場 • 雅瑪多運輸的冷凍宅配 • 貝立茲的商業教育
新的獲利模式	**破壞秩序型** 否定既存的獲利機制，改變事業定義 • 普利司通的翻新胎事業	**創造商機型** 很多時候都無法成為有效的防衛戰略 • CCC的T集點卡 • 雀巢的Dolce Gusto膠囊咖啡機事業

＊註：KOMTRAX為小松製作所研發出來能遠端確認小松製作所開發出機械情報的系統。

因為DOCOMO的機制是，採用販賣「I mod」這樣獨特的APP模式（平台）。APP的銷售全都要先通過DOCOMO，這就和全都要透過「APP Store」的蘋果機制不相容。若要容受蘋果的機制，自己就得要成為單純讓人使用線路的存在。

不論是哪一種情況，都可以說是在顧客需求的變化、新產品以及服務的出現，又或者說是支撐這些的新獲利機制的應對上大為失敗。

那麼，既存的競爭者到底該怎麼做呢？

對抗新興勢力的手段是？

既存的企業要保護既存的商機時，可以通用之前介紹過的方法，也就是那四類新的戰鬥方式（圖表6-1）。

只是，若使用的方法同於進入自己事業領域的新興競爭者，將無法順利進行。因為對方不僅知道了自己的商業模式，也會祭出破壞或是讓人無法逆襲的做法。因此我們就會進入與對方競爭方式相同的箱盒中——例如我們最好要想到，以破壞秩序型的戰鬥方式來對抗破壞秩序型可不是上策。

例如Google提供了「Google文件」這類免費Office軟體時，若微軟免費於網上提供Office軟體，這怎麼想都不是上策。因為那會讓微軟自己最大的收益來源——Office軟體的銷售額——消失殆盡。

因此，在實際上，就必須要重視自己公司既存的商機，並想出特別的對抗策略。以下將介紹碰到上述情況時或能成為參考的思考法。

改革程序型中的對抗法

活用長處，修正價值鏈——野村證券

在改革程序型中，要能做出對抗，方法就是保有自家公司的強項，並且重新構築新的價值鏈。例如，為了強化顧客服務，不僅可以在高爾夫球中心，也能在網路上進行諮詢，又或者說是將現有的服務做得更細緻。

例如被推上網路證券進行競爭的業界大廠野村證券，該如何對抗新興的網路證券呢？就算手續費和網路證券一樣便宜，但因原本就擁有許多店鋪與人員，在成本面上就陷入了不利的狀態。

在此，希望手續費是像當日沖銷那樣便宜的人就會交給網路證券去處理，為了保住自家公司的優良顧客就要下點功夫，這是很重要的。要有優良顧客，就不限於只是降低手續費而已。

因此，野村證券並沒有追加像網路證券那樣的服務，基本上都是由分店或是業務負責人來應對，但是在網路上提供現場所無法追加的服務——例如可以在週末或是晚間看股價、進行交易等。當然，買賣股票的手續費就不必要降低到跟網路證券一樣便宜。

打造對方無法模仿的機制——小松製作所的KOMTRAX

新興國家的競爭對手挾帶低價攻勢而來，與之相競爭的小松製作所所提出的對抗策略也是同樣的情況。

小松所開發的「KOMTRAX」是能夠在遠端對建設機械進行情報確認的系統。小松從二〇〇一年起開始在自家販售的建設機械上配置KOMTRAX的標準裝備。現在日本國內已經約有六萬二〇〇〇台（截至二〇一一年四月為止），世界上約有七十個國家、三十萬台車上裝備有KOMTRAX，小松免費提供顧客由KOMTRAX傳送來的車輛運轉狀況以及機械使用狀態等情報。

小松製作所的獲利機制是販賣建設機械，以販售費來獲利，這點和此前完全一樣。但是，面對挾低價攻勢而來的新興國家競爭對手，他們便以無法被模仿的附加價值來一決勝負。

藉由遠端監控顧客使用建設機械的狀況，就能預測建設機械的使用方式以及消耗零件的狀態，在發生故障前建議更換裝備以及零件。就結果來說，故障減少了，運作率也提升了，因此就算價格稍微高了些，使用小松的建設機械CP值還比較高。

改革程序以應對顧客需求——TTN股份有限公司

被認為已經出現了典範轉移、衰退的業界中，也有企業頑強地生存下來。其中之一就是位在兵庫縣依丹市的榻榻米店TTN股份有限公司。

本來像「畳福」（譯註：畳福，由辻野福三郎於一九三四年所開設的榻榻米店）這類普通的榻榻米店，隨著榻榻米的需求減少，事業的存續也瀕危。順帶一提，榻榻米市場在這十五年內，市場約少了一半。但是，該店聽到了顧客的需求——如果能在夜間幫忙換榻榻米就會想訂購——而成功存活了下來。

那是來自於飲食店的委託。具體而言，其要求是「若是在營業時間更換榻榻米，一天的營業額就會泡湯，所以想拜託在關門後的夜間更換榻榻米」。

但是，對以往的家庭工業來說，並無法於短時間內更換數十張榻榻米。因此TTN股份有限公司於二〇〇二年以來，為了藉分工實現大量生產而進行設備的投資，確立了二十四小時都能交貨的機制。

結果，就收到了來自飲食店以及居酒屋等的大筆訂單，即便是夕陽產業，也能達成高成長。

TTN股份有限公司二〇一三年的營業額高達六十二億日圓，成了業界最大廠。

TTN股份有限公司的情況是，修正自家的生產體制，亦即製造程序，在短交貨期內能大量生產、變更販賣．施工流程，在深夜中也能替換榻榻米，這就是他們獲得成功的原因。這完全就是改革步驟型的對抗事例。

在既有事業中站穩腳步，修正程序——相機廠商Kitamura

還有另一個例子是相機廠商Kitamura。對本來就是以販賣相機與DPE為主力事業的Kitamura來說，數位相機的普及可是關乎他們死活的問題。若消費者不再使用底片相機，顯像、印出這類商機就會消失了。

因此，Kitamura所想到方法是，吸收數位相機用的DPE服務。將用簡單操作就能印出照片的裝置大量引入店面，打造出數位相機在DPE商店也能方便使用的機制而獲得成功。

當然，有些人會想用自家列表機印刷照片，也有些人不想把照片列印出來，而是直接保存在電腦上或智慧型手機中。但是，因為有人偏好能簡單地在店頭列印照片，或是想要大量列印照片，這項服務就成功了。

不論是哪一個事例，都不是踏出去新領域，而是在既存事業中站穩腳步，藉由重新修正顧客的需求與自家公司的程序（價值鏈），打造出新的機制。

在創造市場型中進行對抗

進化既有的商業模式——JR東日本的站內商場

在創造市場型中能提出的對抗策略是，活用既存的商業模式，並對環境變化做出應對，提供新產品或服務。或者還有一種方法是，不要和新競爭者站在同一競爭場上戰鬥，錯開市場本身。

例如東日本旅客鐵道讓流通事業大幅成長，並將之與企業全體的成長做連結。

該公司於此前會以車站內的賣店（Kiosk）或是車站大樓事業（LUMINE）等形式來進行零售事業，但若以人口減少為前提，與此前相同的附帶服務如零售業、利用車站前立地以租賃為主的事業就會有面臨侷限。在這樣的情況中，車站內有空間、使用者每天也都會由此通行，藉由將這樣的強項活用在事業中所產生出來的，就是站內事業。被稱為「ecute」的車站內購物商城就以品川站、大宮站以及立川站等為代表例。

這種思考方式就是想將此前只是單純路過的消費者長時間留在車站範圍內，並讓他們在這段時間內消費。裡面也不僅只是像從前那樣整齊劃一的店面或是自家集團內的店家，他們招攬了甚受年輕女性歡迎的知名品牌，藉由裝設成與百貨公司不相上下的外觀與裝潢，成功抓住了消費者的心。同時，將此前的報攤改頭換面成超商，為了提升使用者的生活環境，也展開了托兒所事業。

販賣產品與服務的這項獲利機制與從前相同，但，就將使用者招攬進車站這層意義上，可以說是打造出了新市場。像這樣的創造市場型，對該企業來說是新市場，有時對社會來說也是個新市場。

進化既有的服務——雅瑪多運輸的低溫宅配

因著日本運輸、佐川急便、日本郵政等多數競爭者的加入，使得宅配市場陷入了價格競爭戰，對此，雅瑪多運輸所採取的方式也是創造市場型。

那就是開發「低溫宅配」。這和以往的宅配以及獲利機制相同，但會管理溫度，可以運送容易損傷的食品或會因溫度而失去新鮮度的蔬菜等，是一項全新的服務。

這不單純只是用冷藏車來配送而已。從集貨到貯藏、配送等全部流程中，都一定要進行溫度管理，由於投資在設備上的花費多，對其他公司來說，就會形成難以滲入的屏障。

雖然現在其他公司也跟著這麼做了，但雅瑪多卻使用了類似的做法，陸續推出新服務，穩固其在業界的龍頭地位。

這就是藉由提供新產品與服務，開創出新市場的例子。

另一方面，也有例子是藉由開拓與此前不同的顧客層，以打造出新市場的。

開拓新客層——嬌聯的成人用紙尿布

隨著出生率的降低，大家應該會覺得，嬰幼兒的人數減少了，紙尿布的市場應該會衰退。在這之中，販賣女性生理用品（衛生棉）以及嬰兒用紙尿布的日本國內業界龍頭嬌聯，開拓了成人用紙尿布的市場。

此前雖也有生產販賣成人用紙尿布的公司，但都是小規模的。可是嬌聯進行了正式的商品開發、擴大通路、行銷，重新開拓成人用紙尿布的市場，而其結果就是獲得了大量的營業額。

聽到這裡，或許有人會想說，只要加大嬰兒用紙尿布就好，很簡單。但是嬰兒用紙尿布與成人用紙尿布實際上是完全不同的商業。例如，成人用紙尿布的通路與此前完全不同——必需開拓醫院、養護中心、郵購等新通路。此外，為了促銷，必需進行紮實的宣傳活動，不能像嬰兒用紙尿布那樣只在電視上廣告。

嬌聯雖然維持了開發．販賣紙尿布以獲利的商業模式，但藉由開拓全新的顧客層，成功開創出了成人用紙尿布市場這個新市場。

錯開競爭場——貝立茲（Berlitz）的商業教育

貝立茲是語學教育的大企業，他們受到了利用網路進行月額制低價語言教室的訴求價格型攻擊。該公司認為，若單純在語學教育上要與低價的競爭者對抗是很困難的，所以想要展開全新的事業。那就是比起語學本身，以英語為主題來培養國際性商業人士的商業教育。

這就是藉由將競爭場從語學轉移到商業教育，避開了來自低價競爭者的攻擊。視情況不同，也可以看做是以商學院來一決高下的戰略。

此外，這個例子雖無法言說其成敗，但卻很成功地轉移了競爭場。

如先前的嬌聯，因主要顧客層縮小，而開拓了新的顧客層。貝立茲的例子則是因為既有顧客被新競爭者給奪走，而找出新顧客，提供新價值。

就像這樣，對抗市場創造型的策略就是逃跑。防衛本業很難時，可以在既存事業中附加新產品或服務方法。這時候，能在既存經營資源中找出多少價值就是關鍵。

此外還有一種方法是，活用本業中的專業技能，走出與此前不同的市場。但是在這部分，因與既存顧客層不同，無法使用既有的經營資源，可以說風險很高。

在破壞秩序型中進行對抗

普利司通翻新胎的事業

對抗破壞秩序型的方法是，否定自家公司的商業模式，建構起新的獲利機制。這個方法對既存競爭者來說，因為有很高的可能性要否定掉自家的獲利機制，所以是毒藥。

其實，普利司通有在進行一種商業行為是，撕下接近使用期限輪胎表面的橡膠，重貼上有溝槽的橡膠，重新做成宛如新輪胎般的再生胎，然後販賣這些再生胎，這就是翻新胎事業。這對製造新輪胎的廠商普利司通來說，是與新輪胎銷售額減少相關的商機。

那麼，普利司通為什麼會開始這項事業呢？

那是因為，這就是針對新興競爭者所提出來的對抗策略。話雖這麼說，普利司通在開始這項事業之前，社會上早已有企業在進行翻新胎的事業。因此就算該公司不插手這項事業，也能想像出新輪胎的銷售額確實會減少。還有因為那些業者所進行的翻新胎都不太完善，輪胎很快就會磨損，發生破裂（傾斜），當然也就會有人質疑原廠輪胎製造商普利司通的輪胎。

既然這樣，普利司通就考慮到，還不如運用自家精良的技術、材料、員工來進行翻新胎事業，這麼一來，客戶的性價比會變好，也能維持自家公司的銷售占比。

對顧客來說，藉由利用普利司通的翻新胎事業，可以獲得換輪胎時間以及使用方法等問題的指導，還有其他好處像是，可避免不必要的麻煩，也可以降低總成本等。

免費提供瀏覽器的微軟

微軟過去也曾經利用破壞秩序型而獲得成功。在網路普及初期，是圍繞在瀏覽器的標準格式，與網景（Netscape）爭奪網路霸權的時期。那時候為了奪下有壓倒性市占率、極具優勢的新興軟體公司網景的地位，微軟的作戰策略是，除了免費提供瀏覽器，還加入了ＯＳ（基本軟體）。就像現在這樣，免費提供軟體與服務，在沒想到能用其他機制來獲利的時代，可說是劃時代的戰略。

可是現在在網路上，有很多ＡＰＰ軟體都能免費使用。在這時候，Office軟體的戰略就會陷入困境。

此前，只要消費者購買了微軟出售的軟體，就不會發生追加的使用費，可是伴隨著網路的普及，出現了一種型式的機制是，消費者不用在自己的電腦上安裝ＡＰＰ軟體，而是置於伺服器上，需要的時候再使用，而且免費。例如，Google文件等就是這方面的代表例子。

此外，Open Office以及KINGSOFT等都和以往形式Office軟體一樣，雖然要安裝到自己的電腦中，但價格卻很便宜或是免費的。

現在的微軟，或許可以說就在這兩種潮流中漂流不定。因此他們會在網路上將每月都會收取使用費的「Office365」賣給企業，但對個人使用者來說，立基點卻很不明確。他們會將「word」、「excel」機能結合起來免費提供，但以授權的方式來販賣完整版的。

特別是該如何對抗手機用軟體，目前情況還不明朗。微軟雖發表了ios版免費，但完整版是要付費的。此外，安卓版該如何處理還不清楚，似乎還正在反覆摸索測試中。

賓士展開的汽車共享事業

在日本，有Times24以及歐力士等公司積極在展開汽車共享的事業，但在國外，有些地區的汽車共享事業則早已廣為人所熟知、接受。

例如美國的Zipcar以及歐洲Car2Go等。順帶一說，美國的Zipcar就現在的時間點來說，是世界上最成功的汽車共享事業。Zipcar在二〇〇〇年於美國誕生以來，於一四年在全世界已經有將近一百萬的會員以及超過一萬輛的汽車。

其機制是，消費者在成為會員後，只要月繳數十美元的會費，就可以在自己想使用的地方，以一小時六～十美元借用車輛。油錢以及保險費也全都包含其中，比起租車以及計程車，會員可以更簡單使用。Zipcar於一三年以約五百億日圓的價格買下了租車大廠AVIS。

另一方面，Car2Go是以德國為中心來發展事業，已經有了一萬兩千台車在運轉。車輛幾乎都是兩人坐的小型車「斯瑪特」（Smart）。還有引進EV，似乎有超過一千輛。

Car2Go的機制也和Zipcar一樣，但是完全由生產賓士車輛的廠商戴姆勒（Daimler）於〇九年出資的公司，這一點比較特別。若是汽車共享普及了，買車的人一定會減少，但汽車生產商卻自己主動設立汽車共享公司，並積極推行。

該公司認為，比起讓其他汽車共享公司來搶走市場，若由戴姆勒來做，或許可以由自己來打造出市場。

或許該公司所瞄準的PR效果是，在指責對地球環境造成不良影響的一片罵聲中，以EV為中心，促進更有效率地利用車輛。

他們還讓人感覺到有另一層用心，亦即藉由利用「斯瑪特」（Smart）這類小型車，也能避免與自家公司所生產的高級車自相殘殺。

不論何者，汽車生產製造商主動想以汽車共享事業來營利而非販賣汽車來營利這點，都可以說是破壞秩序型。

富士軟片的數位相機計畫

誠如先前所說，對抗破壞秩序型的方式也會成為毒藥。例如像是富士軟片的數位相機事業。

當時，富士軟片在相機用軟片中是日本國內龍頭，也是在全球市場中與柯達爭奪第一名的大型企業。一九九〇年代，數位相機登場時，通常來說，為了保護軟片事業就會延遲數位相機的普及，或者還有另一個方式就是別出手，但是該公司卻反過來主動開始製造、販賣數位相機。

然而在當時，就連相機製造商的龍頭佳能（Canon）都還沒正式涉足數位相機。富士軟片採取的方式是「可以減少自家公司的主力事業軟片也沒關係，就是要在新領域中成為領導者」讓人感受到很強烈的熱情。

此外，在軟片事業中，比起販賣軟片，據說之後與顯像關連的收益還比較大。具體而言就是販賣顯影劑以及印刷用紙。其結構類似於影印或遊戲專用機那樣，比起本體，主要是靠售後服務來獲利。

與此相對，數位相機事業是一種硬體製造販賣事業，純粹以相機單體來提升收益。富士軟片在參戰當時，雖為了奪得市占率第一名而奮鬥過，最終還是於佳能、索尼、卡西歐（Casio）、Panasonic等電子學廠商面前落敗。結果，不惜否定自家公司商業模式而涉足的數位相機事業，很可惜的並未達至成功。

話雖這麼說，但他們從依靠軟片事業體質脫離出來這點卻是成功的，也完成了全公司的變革。

就像這樣，對抗破壞秩序型的方式與否定、毀壞自家公司的商業模式相關，所以不該草率進行。

但是因為事業變化環境很急遽，若自家公司的獲利模式明顯出現崩壞，也就是說，若怎樣都會被他家公司擊潰，就要改變自家公司的事業定義，藉由採取新挑戰以存活下來，這有時也是很必要的。

要不要採用這個戰略，是依據「自家公司現在的事業受到了多少威脅」，也就是「在幾年內，公司營業額會大幅減低，導致事業體本身消滅的可能性有多少」來判定。要將這點與「採用新獲利機制時，可以獲得多少利益」放在天秤上來衡量。

在創造商機型中進行對抗

使用創造商機型將無法守住本業

理論上來說，對抗創造商機型——也就是藉由新的商業模式來打造新市場——的方法是有可能成功的。但是要把這當成既存事業的防衛戰略來應用，實際上可說是很困難。

當然，既存事業會發展成熟，在成長上有其限制，或是因為陷入被新競爭對手給追上的情況而開始新事業，像這樣的例子很多。但是，就算新企業發展順利，那也和既存事業一點關係都沒有，幾乎不會成為既存事業的防禦。

例如我們可以來想一下DHC的保養品事業。做為郵購販售的保養品公司，DHC是很成功的，但是，誠如大眾所知道的，DHC本被稱為「大學翻譯中心」，是以翻譯為本業的企業。然而，在那之後，保養品事業壯大起來，現在是以保養品廠商而為人所熟知，只在公司名稱上（大學翻譯中心「Daigaku Honyaku Center」首字母的縮寫為ＤＨＣ）留有那麼一點點的痕跡。

這就是在經營學上所說「非相關型多元化」，就不期望能活用經營資源這層意義上來說，也可以稱之為「降落傘型新事業」。

此外，DeNA的電玩事業也可以說是同類型。該公司的起源是拍賣網站「Bidders（現DeNA購物網）」。

趁著從電腦轉移到行動裝置上的機會，該網站獲得了成功，但是現在卻跟在雅虎購物以及亞馬遜後頭，步人後塵。之後雖在夢寶谷（Mobage）等手遊世界中大獲成功，但要說這對既存的拍賣事業有防禦作用，很遺憾，似乎沒那回事。像以上所說那樣，在創造商機型中即便成功確立了新事業，卻幾乎和重振本業沒什麼關聯。那些產品與服務對自家公司來說本來就是新領域，獲利機制也和以往不同，能活用自家公司的經營資源反而讓人感到不可思議，成功原因也不一樣。

因此，要守護既存事業，又要強化既存事業，或是建立起能做出防禦的新事業，可以說是非常困難。因為，其中完全沒有一點自己的強項，與完全從零開始建立起新事業是同樣的辛苦。

另一方面，在創造商機型中要對抗競爭者，另外也得要守護既存事業。說起戰鬥，除了要從守護的城中派遣出半數的士兵進行野戰，另一方面，則要以剩下的士兵保護城池，進行差不多即可的戰鬥。在這種情況下，就必須要在野戰中取得成果。

以下就介紹創造商機卻無關乎防禦既存事業的少數兩個成功事例。

CCC的T集點卡事業

Culture Convenience Club（CCC）的主力事業是透過店家「TSUTAYA」，出借CD・DVD的租賃事業。但是，現今的時代已經變成了可以輕易在網路上看或聽音樂以及影像。結果，此前為止的傳統型出借事業就有可能無法維持下去。

因此，CCC展開了各種各樣的租賃事業，像是在網路上申請、以郵遞寄送DVD的服務，以及在網路上提供動畫的服務等。此外，CCC更進化了以傳統方式營運的書店以及CD．DVD複合店，還嘗試開展讓人能感到放鬆的書店等。

可是，CCC最特別的事業是T集點卡事業，亦即活用在TSUTAYA所培養出的會員情報分析。

在TSUTAYA，藉由縝密管理以往會員的購買履歷，因應其使用頻率，贈送促進顧客來店的折價券，以及在不同地域展開不同的促銷，並以購買履歷為根據，清楚掌握某顧客對什麼類型的商品感興趣。CCC認為在其他產業也可以活用像這樣的專業技能，因而步上了T集點卡事業。

基本而言，參加企業是為了豢養顧客而採行這種方法，又或者是想將已經在實施的集點服務交由T集點卡代為施行，是將集點卡通用化的機制。對參加企業來說，其優點是，就算自家公司沒有管理顧客的系統，藉由集點卡系統也可以做出與其他競爭公司的差異性。

此外，對使用者來說的優點則是，比起只能使用一間公司，使用通用的集點卡比較快集到點數，點數的使用範圍也比較廣。

因為這樣，通用集點卡的機制迅速普及開來，除了T集點卡，也出現了Ponta和樂天超級集點卡等的體系結構。

若是如此，也不過就是吸引招攬顧客的手段。T集點卡活用了靠解析顧客所培養出來的CCC專業技術，分析了會員的購買行為，將這結果，作為行銷情報賣給各會員公司。

因為其號稱會員數有四八〇〇萬人，其中二十幾歲的T集點卡會員就占了七成，所以據說能掌握住根據正確屬性分析出的消費傾向。

若從TSUTAYA租借CD·DVD的事業來看T集點卡事業，不論是服務內容還是獲利機制都完全不一樣，但是就活用顧客情報發揮在本業行銷的這點上，卻有著很緊密的連結。像這樣全新事業對本業也有加分效果的事例，可說是非常少數。

雀巢的膠囊咖啡機事業

另一個例子是，在即溶咖啡業界中號稱占日本全國市占率第一的雀巢。

雀巢的「雀巢咖啡」長年都是日本即溶咖啡市場中的領頭羊，但是消費者漸漸變得想喝一般的沖泡咖啡，隨著羅多倫咖啡以及星巴克為代表的咖啡店的普及，家用的即溶咖啡便受到了打壓。

在這樣的情況中，雀巢也發售了一般沖泡咖啡而非以往的即溶咖啡以守住市場，並根據情況擴大市場。

雖然如此，但就像即溶咖啡一樣，若把咖啡豆裝袋放在超商等地販賣，或許多少能賣得出去，但所使用的戰鬥方式卻和已經存在的競爭對手相同。對雀巢來說，雖是創造了市場，但卻成了勝算不大的事業。

因此，雀巢大大轉換了商業模式。他們不賣咖啡豆，首先販賣一般沖泡咖啡專用的咖啡機（Dolce Gusto），並將使用的咖啡豆以膠囊的形式販賣。

這樣的作法有幾項好處。因為是專用機器，就無法使用其他公司的咖啡膠囊，就能獨占消費者對自家公司咖啡豆的需求，也能自由設定價格。

此外，咖啡機算是一種「誘餌」，所以不需要從那上頭賺錢，可以便宜的價格提供給消費者。這就和印表機事業一樣，是靠墨水匣而非本體來獲利。

從消費者的角度來看，此前的即溶咖啡，家人喝的都是同種類豆子的咖啡，所以顯得很普通。但若是用膠囊的形式，每個人就可以享受到用自己喜歡的豆子、以自己喜歡的方式來喝咖啡。

這是由雀巢一家公司提供了機器與豆子兩者才創建出的機制。這麼一來，雀巢的膠囊咖啡機事業，除了產生出與其他公司有所差異的商業模式，也提供給各家庭新的喝咖啡法，在擴大市場上獲得了成功。

對創造商機型來說，確實是很適當的作戰法。

而且，因為即溶咖啡跟一般咖啡的原料都是咖啡豆，也就更加強化了雀巢「購買、使用全球最好咖啡豆的廠商」的立場，對保衛既存事業來說，也是一大貢獻。

這兩間公司的例子，都是利用了在本業中培育出來的專業技能——CCC是會員情報，雀巢則是在新商業中活用與咖啡豆相關的煎焙、飲用法，還有與器具相關的專業技能。

像這樣既橫向發展專業技能，又能開拓出與以往不同的市場，而且採用新獲利機制而獲得成功的事例，是非常稀少的。

首先要看透對方的戰鬥方式

到此為止，我們已經看了既存事業遵循四種新戰鬥方式的對抗方法（守護法）。首先我們要先審視一下侵入自家公司事業領域的入侵者，是使用何種戰鬥方式來進攻的？——是改革程序型？還是破壞秩序型？又或是創造市場型？還是創造商機型？——然後就必需思考，自己該選取什麼樣的迎戰方式才是最有效的。

統整完畢的結果，就如以下所示。

還有，不論對方是用什麼樣的戰鬥法，對此，若是用創造商機型去迎擊，就會如前面所述，可以說難以成為既存事業的防衛對策。

對手採取與自家公司不同程序（改革程序型）來進攻的時候

我們雖然不能直接模仿對方的作法，但很多情況下，因為對手會突破自家公司事業流程的弱點，可以說若這樣繼續下去有很高的機率對己方不利。

最紮實的對抗方式，可以說是一邊活用自己的強項，一邊在周邊領域尋找新市場（產品或顧客）的「創造市場型」。

我們若推動了「破壞秩序型」，就有可能要放棄自己的拿手技術，所以還是別這麼做比較好。

對手以打造新市場（創造市場型）來進攻的時候

最迅速的應對方式是，己方也用「創造市場型」來應對。因為很多情況下，在相同領域中，我們擁有能與之相對抗的經營資源。

但是，若是對手所打造出來的新市場有很高的可能性會奪取自家公司需求時，我們就必需要修正自家公司的事業流程。那樣的情況下，有效作法是，施行低價或改革業務，以「改革程序型」來將被害程度減少到最小限度。

此外，在受到這類型攻擊時，若希求採取「破壞秩序型」將可能會犧牲掉自己的事業，所以並不太建議這麼做。

對手以新的獲利方式（破壞秩序型）來進攻的時候

這類競爭對手是最麻煩的，而且若有可能也是盡量想避免與之對戰的。但是自家公司的事業有很高的可能性會漸漸或是迅速被奪走，所以一定得做些防衛戰略。

最糟的攻擊策略是想要利用「改革程序型」來度過難關，因為對方就是想要弱化己方的獲利機制。所以我們最好能想到，若是以現在自家公司的商業模式是無法應戰的。

最安全的是轉移戰場，在其他市場戰鬥的「創造市場型」。但若是無論如何都一定得守護的市場，採用與敵方相同的戰鬥方式——破壞秩序型——也很有效。普利司通涉足翻新胎事業就是一個例子。

〔圖表6-2〕關於防衛戰略的策略

		防衛方的戰略			
		改革程序型	創造市場型	破壞秩序型	創造商機型
攻擊方的戰略	改革程序型	不要 依樣畫葫蘆	有效果	不採用	—
	創造市場型	有效果	有效果	不採用	—
	破壞秩序型	不採用	有效果	有高風險	—
	創造商機型	不採用	有效果	有高風險	—

對手以嶄新事業（創造商機型）來進攻的情況

在這情況下，就要採用與受到破壞秩序型攻擊時相同的對策。因為就算採用與此前相同的獲利機制來迎戰，也是很不利的。

雖然也能夠與對方站在同一個對戰場上（破壞秩序型），但風險可以說很高。最有可能的就是從同一個對戰場上逃出，走到新市場去（創造市場型）。但是在新市場中，也有從以前就經營該項事業的競爭對手，己方就會成為後進。進入的領域若盡可能可以活用在此前事業經驗中所培育出來的專業技能，可以說是最符合期望的。

我們將以上所述彙整成（圖表6-2）。

冒風險，以打勝仗為目標

攻方有著不會損失的強項，受攻擊方的「防守方式」就會變得很困難。在前一節中，我們看過了針對攻方戰鬥方式，該採取什麼樣的防衛戰略來迎擊，但說起來，受攻擊一方的對應方式，大致有以下四種。

① 無視
② 正面迎擊
③ 從後方突擊
④ 逃跑

無視

無視、不管進攻而來的對手很簡單，可是這是非常高風險的應對方式。

本書在一開頭所舉任天堂的事例就是這個例子。在競爭規則改變了的領域中，要以同於此前的戰鬥方式來獲得相同收益是很困難的。

此外，歐洲的汽車製造商會較晚開發出混合動力車輛，也可以說是出於相同的理由。在歐洲，電動汽車以及燃料電池車才是最環保的車，使用汽油的混合動力車頂多只是此前「暫時替代用」的技術。

但是，混合動力車的市場，單是豐田的販賣輛數就超過了七百萬台，各公司合計起來約有一千萬台左右的大市場，現在可說是環保車的主流。因此本想以柴油引擎車來應對的歐洲汽車廠商也加入開發混合動力車，但實際情況是，比起豐田以及本田都已晚了一大步。而且組合內燃機以及蓄電池而成的混合動力車技術，也能直接活用在組合燃料電池以及蓄電池而成的燃料電池車上。

所以無視、不管不顧的應對方式，風險是很高的。

正面迎擊

那麼，從正面迎擊的應對方式又是如何呢？

前面提到的普利司通翻新胎事業就是一個例子。

我們尚且不知這翻新胎的事業進行得是否順利，但是，與其被其他公司搶走還不如自己來做，這就和忽視不同。他們不是要終結「賣輪胎」的事業，若能將輪胎的「總管理」連接起來，就能提高市占率。或者，假設就算新輪胎的販售數量減少了，或許在總收入上也會增加。

此外，富士軟片的數位相機事業也是從正面迎擊的一例。他們雖暫時成功了，但之後陷入苦戰也是實話。現在他們不只發展緊湊型數位相機，也聚焦在一部分的高端數碼相機上，持續其事業。

這樣的迎戰方式是比無視、不管不顧、持續觀察對方狀況來說更實際的應對法，但風險也很高。

從敵人背後包抄攻擊

所謂的「從敵人背後包抄攻擊」這種對應方式，是不從正面突破，而是企圖活用自家公司的強項做出應對。前面已經說過了，野村證券的網路證券、小松的KOMTRAX的例子，就是這種情況。野村證券的網路證券，並沒有從正面以相同手法來迎戰網路證券公司。野村證券擁有店面與人才等經營資源，即便要與負擔較少的網路證券打價格戰也沒有勝算。因此，他們企圖充分活用網路的服務，瞄準目標，在現今企業模式中對優良顧客展開額外服務（周邊服務）。

此外，從KOMTRAX得到的情報，對建設機械的後續服務以及更換零件等來說都很有幫助。這不僅是其他公司無法輕易模仿的，對顧客來說也是具有附加價值的高端服務。

小松以這樣的獨特性做為武器，在陷入價格競爭的業界中，挑戰了「非價格競爭」。今後，他們甚至還想提高建設機械的ＩＴ化。

這樣的戰略不與競爭對手正面衝突，話雖這麼說，但這也可以說是不想流失掉自家顧客的貪心戰略，是種聰明的迎戰法。

逃跑

敵人攻來時，還有一種應對方式是既不從正面或是敵人背後與之戰鬥，而是逃離或是轉移競爭場。

前述貝立茲的例子就是這重情況。該公司為閃避來自低價競爭者的攻擊，就將競爭場從語學教育轉移到商業教育上。

此外，永旺所展開的小型超市「Maibasuketto」（まいばすけっと）也是採取相同的對應方式。Maibasuketto是與超商差不多大的迷你超市，對晚一步進入超商事業、超市（GMS）業績不振的永旺集團來說，他們想透過開展Maibasuketto轉移競爭場地來獲得市場。

在這四種對應方法中「從敵人背後包抄攻擊」「逃跑」這兩種方法可以說是比較實際性的對應。單只是無視、不管不顧、持續觀察對手模樣，恐怕將會被逼到更為嚴峻的競爭環境中。此外，要從正面迎擊，就得要有將劣勢頂回去的能力。假設不論是選擇哪種迎戰方式都無法避開風險，也該選用稍微有點勝算的戰鬥方式，而不應該挑起寧為玉碎不為瓦全的戰爭。

結語——

不改變者無法繼續生存

異業競爭今後將會更加激烈吧。在這點上，是什麼事都可能會發生的時代。只要改變就能存活，或許事情並沒有這麼簡單。但可以確定的是，「不改變者無法繼續生存」。

對企業來說，該著眼於何處，是決定該事業未來的重要因素。在這時候，首先就得著眼於以顧客的觀點，找出既存事業的矛盾以及消費者的潛在需求（未被滿足的需求）。在本書中，雖已介紹了各式各樣的例子，但顧客的不滿就像寶山。

話雖這麼說，顧客對尚未體驗過的事物，是說不上來有什麼需求的。這麼一來，企業以自己的觀點去思考商機以及戰鬥方式就很重要。用企業觀點來思考的時候，請試著移動一下在本書中所提倡到的「競爭規則顛覆者的四種類型」的橫軸或縱軸二者之一（又或是兩者）。

- 給顧客的價值提議是否明確（著眼於橫軸上）
- 若以現行的商業模式為出發點，可以想到什麼樣的獲利法（著眼於縱軸上）

此外還有一種方法是，不移動任何一方，著眼於自家公司的商業程序（價值鏈）。

另一方面，遭受攻擊時，冷靜分析對方的攻勢，採不同戰略迎戰是很有用的。因為若採取與對方相同的戰鬥方式，既存企業的損失會比較多，因此很不利。要反擊攻擊方時，除了要理解他們的戰鬥方式，還應該要使用對方討厭的戰鬥方式來進攻。

作法有各式各樣，而且在各位周遭也有很多的成功案例。

異業競爭絕非不干己事，現在這時代，我們要將異業競爭當成是自己的事，並實際執行。請各位務必要實踐，並思考一下此前所未有的、展開新事業的方法。

此外，即便獲得了暫時性的成功，若不持續變化就無法長久持續下去。因此，經常修正自己的事業模式很重要。

正因為現在是變化劇烈的時代，我們才有機會。

對往前踏出一步的企業或個人來說，才有發展的可能性。

謝詞

二〇〇九年，我在本書中也介紹過的《異業競爭戰略》這本書中，提出了無法用以往競爭戰略論來說明的、各種各樣的競爭實際狀態。

之後，像這樣的競爭更多了，有許多以新戰鬥方式大膽改變業界的競爭者出現。本書中所介紹到的例子，都只是其中的一部分而已。在本書中，我們稱呼這些競爭者為「顛覆規則競爭者」，我想要藉由將他們的戰鬥方式類型化，助正面迎戰異業競爭的人一臂之力，或者是給予想讓事業更蒸蒸日上的人一些提點，這就是我想寫這本書的緣由。

我所提出的例子包含了日本國內外。我們周遭的日本國內企業，也有很多採取了大膽的戰略。

從我的經驗看來，幾乎在所有的情況下，大家都已經有了腹案，又或者是大家現在已經有在做了。在此，我再介紹一次我在前本書已經介紹過的一句話。這是法國文學家馬塞爾・普魯斯特（Marcel Proust）說的。

「真正的發現之旅不在於尋找新大陸，而是以新的眼光去看事物。」

而在本書中則是以來自我所屬早稻田大學商學院內田講座的OB・OG讀書會為出發點。

這次，觸發我執筆的各位也各自帶來了許多事例，重複不斷討論著。其中，拜花岡尚志先生想出來的「顛覆遊戲規則者的四種類型」之賜，可以說讓本書的框架大大進化了。能跟大家一起從構思階段到好不容易完成本書，讓我感到非常的高興。

此外，從初稿階段開始，早稻田商學院內田講座生的大家也都有幫我看過。我非常感謝給了我許多建議的OB城出武和先生、高村和久先生以及許多在校的講座生。

和前一本書《異業競爭戰略》同樣。日本經濟新聞出版社的伊藤公一先生，從發想階段就給了我全面性的支持。真是受他照顧了。

本書是受到了許多人的支持以及給予建議下所完成的，所以我想再度向大家表達感謝之意。

話雖這麼說，關於內容中的所有責任，還是在編寫者我的身上。

日本企業經常被人說是，雖擁有優良的技術，在獲利方面卻很不在行，但我期望可以本書為契機，讓許多優秀的競爭者一一出現。

執筆者簡介

・岩井琢磨　早稻田大學商學院（MBA）修畢。任職於株式會社大廣。第4章。

・岡井　敏　早稻田大學商學院（MBA）修畢。任職於株式會社Recruit Career consulting。第2章。

・岡田惠實　早稻田大學商學院（MBA）修畢。任職於獨立行政法人中小企業機盤整備機構。第五章。

・糟谷圭一　早稻田大學商學院（MBA）修畢。任職於日揮株式會社。第2章。

・劍持伊都　早稻田大學商學院（MBA）修畢。任職於JM Energy株式會社。第3章。

・志賀祐介　早稻田大學商學院（MBA）修畢。任職於株式會社Housetec。第5章。

・花岡尚志　早稻田大學商學院（MBA）修畢。任職於精密機器製造商。第5章。

・牧口松二　早稻田大學商學院（MBA）修畢。任職於株式會社博報堂。第4章。

・增田明子　早稻田大學研究所商學研究科博士後期課程。千葉商科大學副教授。第2章。

・簗瀨裕子　早稻田大學商學院（MBA）修畢。任職於株式會社紀伊國屋書店。第3章。

BIG 275

獲利思考：從破壞到創造，顛覆競爭規則的四個獲利模式

ゲーム・チェンジャーの競争戦略

編著—內田和成
譯者—楊鈺儀
編輯—謝翠鈺
封面設計—楊珮琪
美術編輯—李宜芝
製作總監—蘇清霖
董事長
總經理—趙政岷
出版者—時報文化出版企業股份有限公司
10803台北市和平西路三段二四〇號七樓
發行專線—（〇二）二三〇六六八四二
讀者服務專線—〇八〇〇二三一七〇五
（〇二）二三〇四七一〇三
讀者服務傳真—（〇二）二三〇四六八五八
郵撥—一九三四四七二四時報文化出版公司
信箱—台北郵政七九～九九信箱
時報悅讀網—http://www.readingtimes.com.tw
法律顧問—理律法律事務所 陳長文律師、李念祖律師
印刷—勁達印刷有限公司
初版一刷—二〇一七年六月十六日
定價—新台幣二八〇元
行政院新聞局局版北市業字第八〇號
（缺頁或破損的書，請寄回更換）

時報文化出版公司成立於一九七五年，
並於一九九九年股票上櫃公開發行，於二〇〇八年脫離中時集團非屬旺中，
以「尊重智慧與創意的文化事業」為信念。

國家圖書館出版品預行編目（CIP）資料

獲利思考：從破壞到創造，顛覆競爭規則的四個獲利模式 / 內田和成作；楊鈺儀譯. -- 初版. -- 臺北市：時報文化，2017.06
面； 公分. -- (BIG；275)

ISBN 978-957-13-7001-9(平裝)

1. 企業經營 2. 策略管理

494.1 106006267

ISBN 978-957-13-7001-9
Printed in Taiwan